U0306927

国家出版基金项目
NATIONAL PUBLICATION FOUNDATION

"十三五"国家重点图书出版规划项目
中国特色畜禽遗传资源保护与利用丛书

新 疆 山 羊

郑文新　主编

中国农业出版社
北　京

丛书编委会

本书编写人员

主　编　郑文新

副主编　张桂香　宫　平　张　敏

编　者　（按姓氏笔画排序）

　　　　张　敏　张桂香　郑文新　宫　平　徐　杨

　　　　高　扬　薛　明　魏佩玲

审　稿　柳　楠

我国是世界上畜禽遗传资源最为丰富的国家之一。多样化的地理生态环境、长期的自然选择和人工选育，造就了众多体型外貌各异、经济性状各具特色的畜禽遗传资源。入选《中国畜禽遗传资源志》的地方畜禽品种达 500 多个、自主培育品种达 100 多个，保护、利用好我国畜禽遗传资源是一项宏伟的事业。

国以农为本，农以种为先。习近平总书记高度重视种业的安全与发展问题，曾在多个场合反复强调，"要下决心把民族种业搞上去，抓紧培育具有自主知识产权的优良品种，从源头上保障国家粮食安全"。近年来，我国畜禽遗传资源保护与利用工作加快推进，成效斐然：完成了新中国成立以来第二次全国畜禽遗传资源调查；颁布实施了《中华人民共和国畜牧法》及配套规章；发布了国家级、省级畜禽遗传资源保护名录；资源保护条件能力建设不断提升，支持建设了一大批保种场、保护区和基因库；种质创制推陈出新，培育出一批生产性能优越、市场广泛认可的畜禽新品种和配套系，取得了显著的经济效益和社会效益，为畜牧业发展和农牧民脱贫增收作出了重要贡献。然而，目前我国系统、全面地介绍单一地方畜禽遗传资源的出版物极少，这与我国作为世界畜禽遗传资源大国的地位极不相称，不利于优良地方畜禽遗传资源的合理保护和科学开发利用，也不利于加快推进现代畜禽种业建设。

为普及对畜禽遗传资源保护与开发利用的技术指导，助力做大做强优势特色畜牧产业，抢占种质科技的战略制高点，在农业农村部种业管理司领导下，由全国畜牧总站策划、中国农业出版社出版了这套"中国特色畜禽遗传资源保护与利用丛书"。该丛书立足于全国畜禽遗传资源保护与利用工作的宏观布局，组织以国家畜禽遗传资源委员会专家、各地方畜禽品种保护与利用从业专家为主体的作者队伍，以每个畜禽品种作为独立分册，收集汇编了各品种在管、产、学、研、用等相关行业中积累形成的数据和资料，集中展现了畜禽遗传资源领域最新的科技知识、实践经验、技术进展与成果。该丛书覆盖面广、内容丰富、权威性高、实用性强，既可为加强畜禽遗传资源保护、促进资源开发利用、制定产业发展相关规划等提供科学依据，也可作为广大畜牧从业者、科研教学工作者的作业指导书和参考工具书，学术与实用价值兼备。

丛书编委会

2019 年 12 月

序言

我国是世界畜禽遗传资源大国，具有数量众多、各具特色的畜禽遗传资源。这些丰富的畜禽遗传资源是畜禽育种事业和畜牧业持续健康发展的物质基础，是国家食物安全和经济产业安全的重要保障。

随着经济社会的发展，人们对畜禽遗传资源认识的深入，特色畜禽遗传资源的保护与开发利用日益受到国家重视和全社会关注。切实做好畜禽遗传资源保护与利用，进一步发挥我国特色畜禽遗传资源在育种事业和畜牧业生产中的作用，还需要科学系统的技术支持。

"中国特色畜禽遗传资源保护与利用丛书"是一套系统总结、翔实阐述我国优良畜禽遗传资源的科技著作。丛书选取一批特性突出、研究深入、开发成效明显、对促进地方经济发展意义重大的地方畜禽品种和自主培育品种，以每个品种作为独立分册，系统全面地介绍了品种的历史渊源、特征特性、保种选育、营养需要、饲养管理、疫病防治、利用开发、品牌建设等内容，有些品种还附录了相关标准与技术规范、产业化开发模式等资料。丛书可为大专院校、科研单位和畜牧从业者提供有益学习和参考，对于进一步加强畜禽遗传资源保护，促进资源可持续利用，加快现代畜禽种业建设，助力特色畜牧业发展等都具有重要价值。

中国科学院院士
中国农业大学教授 吴常信

2019 年 12 月

前言

　　新疆山羊是我国古老的绒肉兼用优良地方品种，在新疆地区荒漠、半荒漠自然条件下，经长期选育而形成，是新疆寺区众多羊品种中最早被列入《中国羊品种志》的品种。其绒纤维纤细而柔软，具有强丝光、强力大、净绒率高的特点。但该品种存在体质类型不整齐、羊群中毛色混杂，生产性能差异大等不足。

　　针对这些问题，新疆维吾尔自治区政府自20世纪60年代初组织科技力量在产区进行调查，确定了"以本品种选育为主"的育种方针，并制定了新疆山羊选育标准和区域规则。此后，在育种工作者的努力下，新疆各地以新疆山羊为母本，引进辽宁绒山羊，利用新疆的野生北山羊资源，先后育成了新疆南疆绒山羊、新疆博格达绒山羊、新疆青格里绒山羊等。但近年来随着全国大量引进辽宁绒山羊，绒不断变粗，绒价不断下滑，加上纺织技术的不断进步，细绒资源逐渐得到越来越多的人的重视，新疆山羊的价值也被越来越多的人发现。

　　2002年农业部种羊与羊毛羊绒质量安全监督检验中心（乌鲁木齐）成立，在行业标准项目"种羊生产性能测定技术规范"的支持下，开展新疆山羊生产性能测定的系统研究。

2005 年农业部种羊与羊毛羊绒质检中心与阿克苏绒山羊研究所、青河县畜牧局、塔城和丰县联合开展资源调查，找出了一部分新疆山羊中的细绒个体开始育种研究，并建立了核心群。2007 年以来，在新疆科技重大专项、科技部星火计划重点项目、国家绒山羊产业体系等的支持下，新疆畜牧科学院、北京喜润丝国际贸易公司、新疆雪羚生物科技有限公司、和布克赛尔蒙古自治县那仁和布克牧场等联合到一起，正式以改善细度、产量为核心目标在全疆范围内开展细绒型、高产型育种，并结合产业体系项目、世行项目、资源调查项目等及农业部种羊与羊毛羊绒质量监督检验中心的业务职能，不间断地对全疆的未被改良的新疆山羊进行研究，对特别优秀的羊只进行保种和育种。此后，在新疆畜牧厅的大力支持下，2012 年、2013 年又相继在博尔塔拉蒙古自治州、巴音郭楞蒙古自治州、拜城县分别建立新疆山羊的育种群和保种群。

新疆山羊具有很多优点，如细绒资源，曾经因为个体产绒量低而未得到足够的重视。但在目前全国山羊绒细度普遍变粗的背景下，新疆山羊的细度资源就显得非常重要。尤其

是细度在 $11 \sim 12 \, \mu m$ 的超细型个体，不仅羊绒直径与藏羚羊绒相仿，而新疆山羊绒长度和白度更胜藏羚羊绒一筹。从纺织加工价值上，新疆山羊如能得到重视和发展，可以成为我国绒山羊业发展的生力军。

过去过于重视单一技术的作用，很多产业环节衔接不到位，新疆山羊养殖的经济效益不高。比如，新疆地区有堪比藏羚羊羊绒细度的个体，但是由于生产分散，缺少质量控制技术，价值百倍、千倍与普通山羊绒的超细山羊绒、极细山羊绒等混在普通山羊绒中销售，未能体现出其较高的经济价值。近年来，新疆畜牧科学院等积极开展山羊绒质量控制与管理等的研究，山羊绒价格有了很大提高，同时新疆山羊的肠衣、皮张等品质也都很受市场欢迎。

本书介绍了新疆山羊品种起源、数量、分布范围变迁，生产特点，品种现状，新疆山羊品种资源保护方式，品种选育技术方案，品种繁育及接羔育幼，新疆山羊饲养管理技术；同时，也介绍了新疆山羊卫生保健、免疫、疫病防控等措施，羊场建设与环境控制，新疆山羊产品开发利用途径主要发展方向等。涉及面广、内容翔实，是一部较为完整地介绍新疆山羊产业的技术书籍，可为广大新疆山羊生产从业者提供技术帮助。

本书的写作与出版得到了畜牧行业内专家及生产单位的大力支持，得到了中国科学院大学经济与管理学院老师的指导和帮助，在此表示衷心感谢！

由于水平有限，书中不妥之处在所难免，敬请读者批评指正！

编　者

2019 年 12 月

目录

第一章
新疆山羊品种起源与形成过程

第一节　新疆山羊品种起源与形成过程

一、品种起源、数量、分布范围变迁

山羊（*Capra hircus*），也被称为夏羊、黑羊或羖羊，是最早被人类驯化的家畜之一。新疆阿勒泰山区的岩画中，就有北山羊或者山羊的图像。新疆农牧民有着悠久的养羊历史，在艰苦的自然生态条件下，经过长期自然选择和人工选育，形成了独具特色的绒肉兼用地方山羊品种——新疆山羊。目前，全疆新疆山羊数量大约 200 万只。产区属大陆性气候，但由于地域辽阔，地势地形复杂，生态环境有别、生产性能有异，曾被分为南疆型和北疆型。南疆型主产区在喀什地区、和田地区及塔里木河流域，北疆型主产区在阿勒泰地区、昌吉回族自治州（以下简称"昌吉州"）和哈密市的荒漠草原及干旱贫瘠的山地。

二、地方品种的有关史料记载

新疆山羊是我国古老的优良地方品种，属于绒肉兼用品种，绒细度为 12～16 μm，是新疆最早列入《中国羊品种志》的山羊品种，在国内各类养羊学教科书上均有介绍。1986 年出版的《中国羊品种志》《养羊学》等书中对新疆山羊的描述均为"古老的地方品种""绒细度优秀""耐粗饲"。《新疆家畜家禽品种志》中关于新疆山羊产区概况描述为"新疆山羊是一个无专一生产方向的古老品种"。新疆各地自古以来就有饲养山羊的历史。山羊在民间广泛饲养，因为市场交易和生活需要，个体大、毛色白、产绒多和生长快的优良个体被选为种用。长期以来在自然选择、市场选择、人工选择的作用下，形成的多用型

（绒、毛、肉、奶、皮、肠衣）地方优良品种，在新疆农牧区普遍饲养。新疆山羊在新疆畜禽结构中有着极其重要的作用，与人民生产和生活有着密切的关系，是一项重要的经济资源和物种资源。

根据《中国羊品种志》，关于新疆山羊的产区概况是：新疆山羊是一个古老的地方品种，主要产品是绒、奶和肉。以肉多，绒细而柔软、均匀等为特点，深受国内外消费者的喜爱。分布于整个新疆，其中以阿尔泰山、天山南坡、昆仑山北麓的荒漠区较多，数量较集中的还有阿克苏、喀什、克孜勒苏柯尔克孜、阿勒泰和哈密地区。新疆山羊抓膘力强，在内脏蓄积较多的脂肪。能在严峻气候和不良饲养条件下终年放牧，冬春也不补饲。对陡峭的山区草场、荒漠、半荒漠贫瘠草原和灌木、半灌木草场具有特殊的适应性。觅食力强，耐热、耐寒、耐干旱，有较强的抗病能力。其中，北疆山羊体格大，南疆山羊体格小。

《新疆家畜家禽品种志》中记载："新疆山羊的生态环境，普遍带有降水稀少、蒸发强烈、干旱、温差较大、日照辐射强度大、持续时间长的气候特点和植被稀疏、种类单一的荒漠化、半荒漠化草原特点，反映在新疆的适应性上，表现有独特的耐干旱、耐炎热、耐寒冷和耐粗饲的品种特点。"新疆山羊主要产于新疆地区农区和牧区。产区多属大陆性气候，海拔为500～2 000 m的高山、亚高山草甸草原和森林草甸草原，牧草丰茂，气候凉爽的夏季牧场。天山、昆仑山及阿尔泰山等山脉的山麓，冬季气候温和，阳坡草场积雪较薄，是山羊的冬季牧场。

根据农业农村部种羊及毛绒质量监督检验测试中心（乌鲁木齐）的品种资源调查，结合其他一些公开发表的文献资料，大多数人公认的新疆山羊的品种来源可以表述为：新疆山羊是新疆及周边区域的古老的地方品种，具有良好的产肉、产绒、产奶性能，属于兼用型羊。近年来针对新疆山羊绒用性能等进行了选育。新疆山羊适应性强，耐粗饲，适应干旱、半干旱荒漠草原和山区草场，全年放牧饲养。新疆山羊在新疆各地均有分布，目前主产区分布在南疆的喀什地区、和田地区及塔里木河流域、巴音郭楞蒙古自治州（以下简称"巴州"），以及北疆的阿勒泰地区、塔城地区、博尔塔拉蒙古自治州（以下简称"博州"）、昌吉州和哈密地区。

三、地方遗传资源的发掘研究及鉴定

新疆山羊是在荒漠、半荒漠自然条件下，经长期选育而形成的一个优良的种群，其绒纤维纤细而柔软，具有强丝光、强力大、净绒率高的特点。但该品种资源存在体质类型不整齐、羊群中毛色混杂，生产性能差异大等不足之处。针对这些问题，自治区政府自 20 世纪 60 年代初组织科技力量在产区进行调查，确定了"以本品种选育为主"的育种方针，并制定了新疆山羊选育标准和区域规则。

此后，从 20 世纪 80 年代开始，在新疆各部门育种工作者的努力下，新疆各地以新疆山羊为母本，引进辽宁绒山羊，先后育成了新疆南疆绒山羊、新疆博格达绒山羊、新疆青格里绒山羊等品种群。但近年来随着全国大量引进辽宁绒山羊，绒不断变粗，绒价不断下滑，加上纺织技术的不断进步，细绒资源逐渐得到越来越多的人的重视。新疆山羊的价值也被越来越多的人发现。

2002 年，农业部种羊及羊毛羊绒质量安全监督检验中心成立后，就开始在行业标准项目"种羊生产性能测定技术规范"的支持下，开展新疆山羊生产性能测定的系统研究。2005 年，农业部种羊及羊毛羊绒质量安全监督检验中心与阿克苏地区山羊研究中心、青河县畜牧局、塔城地区和布克赛尔蒙古自治县（以下简称"和布县"）联合开展资源调查，找出了一部分新疆山羊中的细绒个体开始育种研究，并建立了核心群。2007 年开始在新疆科技重大专项的支持下，正式以改善细度、产量为核心目标在全疆范围内开展细绒型、高产型育种，并结合产业体系项目、世界银行贷款项目、资源调查项目等以及农业部种羊及羊毛羊绒质量安全监督检验中心的业务职能，不间断地对全疆的未被改良的新疆山羊进行研究。新疆山羊种质资源调查与育种等都取得了较大成绩。在新疆维吾尔自治区畜牧厅的正确领导和大力支持下，新疆山羊育种繁育体系有了突飞猛进的发展。2008 年，新疆维吾尔自治区畜牧厅批准在和布赛尔蒙古自治县那仁和布克牧场建立了新疆山羊保种场及新疆山羊种羊场。一方面，开展本品种选育，按照产量和细度进行选种育种；另一方面，建立资源群，开展紫绒、无角、多胎、白度、角型等资源的保护。从 2012 年开始又相继在博州、昌吉市建立新疆山羊的育种群和保种群。目前找到的绒最细的新疆山羊，细度为 11 μm；培育的极细型新疆山羊，绒细度为 10.75 μm。

第二节　新疆山羊主产区自然生态条件及存栏量

一、原产地及主产区分布范围

新疆山羊原产地分布很广，在新疆南疆的喀什地区、克孜勒苏柯尔克孜自治州（以下简称"克州"）、和田地区、巴州、阿克苏地区都有分布；北疆的阿勒泰地区、塔城地区、伊犁哈萨克自治州（以下简称"伊犁州"）、昌吉州及哈密市的荒漠草原及干旱贫瘠的山地分布较多，是新疆境内分布最广的羊品种之一。由于南疆和北疆的气候及自然资源情况不一，所以南疆和北疆的新疆山羊体貌特征与生产特点略有差异。过去40年由于山羊绒价格较高，新疆各地也都大量引进辽宁绒山羊进行改良，也有少部分引进了奶山羊，很多地方的新疆品种特征受到影响，超细、极细、特细的资源以及彩色绒资源的新疆山羊数量大幅度减少。

二、南疆地区生态环境及存栏量

1. 喀什地区　喀什地区目前有山羊约74万只，其中大多数是新疆山羊，另有部分奶山羊、南疆绒山羊。喀什土地总面积1 394.79万 hm^2，约占新疆土地总面积的1/12。土壤有机质含量低，一般在1‰以下。全区现有耕地57.5万 hm^2，牧草地161万 hm^2，可利用草场11.48万 hm^2，其中改良草场2.96万 hm^2，围栏草场1.38万 hm^2，水域面积79.9万 hm^2。后备耕地资源58.81万 hm^2，年均开发约2万 hm^2。

喀什地区各河系的源头位于冰川、山区积雪带，随着山区不同季节冰川、积雪的融化而使各河的年内枯、洪变化明显。全区有叶尔羌河流域和喀什噶尔河流域，大小河流共10条。其中，较大河流有叶尔羌、提孜那甫、克孜孜、盖孜、库山共5条。全区河水年径流量114亿 m^3，还有地下回归水10亿 m^3。河流的来水特点是枯、洪期差异较大。6—9月洪水期的径流量为年径流量的60%～80%，此时水位涨落急剧，昼夜变化明显。

植物资源有高山植被、平原绿洲植被、荒漠植被、沼泽植被等。全区现有林地面积35.53万 hm^2，其中天然林22.93万 hm^2，森林覆盖率达2.75%。树种有杨树、柳树、桑树、沙枣、槐树、梧桐、松树、杉树、柏树、红柳、胡杨、沙棘等。果树有桃、杏、梨、苹果、巴旦木、葡萄、无花果、石榴、樱桃、阿月浑子、核桃等。甜瓜和西瓜质地优良、含糖量高。农作物以小麦、玉米、棉花为主，还有水稻、大麦、高粱、油菜、胡麻、葵花、花生、芝麻、小茴香等。药用植物有甘草、党参、麻黄、雪莲等数十种。

2. 克州　克州目前有山羊44万只，其中大部分是新疆山羊，另有部分南疆绒山羊。

克州地处年轻的帕米尔高原上。帕米尔高原寒武纪时期隆起，华里西时期断裂，并发生剧烈升降，形成坳陷和褶皱。地质结构复杂，主要为新生界第四系地层。克州境内多山，山地面积占克州总面积的 90% 以上。境内群山起伏，高峰林立，山顶常年积雪，积雪厚度达百米以上；山间分布着条条冰川，并有冰洞、冰舌、冰斗、冰湖等分布。克州地跨天山山脉西南部、帕米尔高原东部、昆仑山北坡和塔里木盆地西北缘。克州北部和西部分别与吉尔吉斯斯坦和塔吉克斯坦两国接壤，边境线长超过 1 195 km；东部与阿克苏地区相连；南部与喀什地区毗邻。克州东西长约 500 km、南北宽约 140 km。克州地处中纬度欧亚大陆中心，属暖温带大陆气候。平原地区日照充足，四季分明，干旱少雨，温差较大。春季升温快，天气多变，多风，多浮尘；夏季炎热；秋季凉爽，降温迅速；冬季寒冷，多晴日。山区气候寒冷，热量不足，降水不均，积雪不稳，四季不明，冬季漫长，一年内仅有冷暖之分。虽地处温带，但地形复杂，气候垂直反应迅速，地带性明显。平原区为暖温带，最冷月平均气温 -6.3～10.9 ℃，无霜期 200～240 d，年平均降水量 70～120 mm。克州年总辐射量 544.18～586.04 kJ/cm²，高于全国同纬度地区。全年日照时数 2 700～3 000 h，日照百分率 62%～68%。平原全年积温 4 100～4 700 ℃，适合各类作物及树木生长；山地半农牧区为 2 400～2 500 ℃，仅能满足牧草麦类作物及林木生长。平原年平均温度 11.2～12.9 ℃，气温日较差 12 ℃。草场广阔，牧草资源丰富，种类繁多，发展高山草原畜牧业有一定的潜力。

3. 和田地区 和田地区目前有山羊 31 万只。其中大多数是新疆山羊，另有一部分奶山羊、南疆绒山羊。

和田地区幅员辽阔，土地总面积 2 492.7 万 hm²，其中山地 1 110.2 万 hm²，占总面积的 44.5%，平原 1 382.5 万 hm²，占总面积的 55.5%。山地面积中，除草场 219.4 万 hm²、冰川 70.5 万 hm² 和少量耕地、林地外，42% 为难以利用的裸岩石砾地。平原面积中，沙漠 1 031.8 万 hm²，占 74.6%；戈壁 206.7 万 hm²，占 15%；绿洲面积 97.3 万 hm²，占土地总面积的 3.9%。

和田地区是新疆最温暖的地区之一。平原区年平均温度 11.6 ℃，在农作物成长的旺季 6—9 月，拥有非常丰富的热量，其中 10 ℃ 的积温为 4 200 ℃。无霜冻期，地面温度大于等于 -1 ℃，最高气温大于等于 14 ℃，温差大；少雨干燥，平原区年降水量为 13.1～48.2 mm，年蒸发量达 2 450～3 137 mm，干燥度大于 20。冬季降雪少，少阴天，从 10 月至翌年 2 月阳光充足。

和田地区野生植物有 53 个科、193 个属、348 种。其中，大部分为牧草饲用植物，也有部分特殊经济植物，包括药用植物、固沙植物、食用植物、工艺植物、农药植物等。

4. 阿克苏地区　阿克苏地区一直是南疆地区山羊数量最多的地区，后以辽宁绒山羊为父本，培育出疆南绒山羊。目前，疆南山羊占大多数，新疆山羊的数量较少，只在部分人工授精或者品种改良尚未覆盖到的地方还有少量分布。

三、北疆地区生态环境及存栏量

1. 塔城地区　塔城地区目前有新疆山羊约 64 万只。目前，新疆山羊的种羊场之一就建在新疆和布县那仁和布克牧场。

塔城地区东西横距约 394 km，南北纵距约 437 km，总面积 10.45 万 km²。塔城地区属中温带干旱和半干旱气候区，春季升温快，昼夜温差波动大。夏季塔城地区月平均气温在 20 ℃以上，炎热期最长 90 d，酷热期最长 29 d。秋季气温下降迅速，1 个多月时间，气温可下降 20 ℃。冬季严寒且漫长，将近半年。年极端最高气温 40 ℃，年极端最低气温－40 ℃。塔城盆地降水量稍多，年均 290 mm，蒸发量 1 600 mm。乌苏、沙湾、和布县 3 县所处的准噶尔盆地降水稀少，年均降水量不足 150 mm，蒸发量却高达 2 100 mm。全地区年平均太阳总辐射量 565 kJ/cm²，日照 2 800～3 000 h，无霜期 130～190 d。全疆闻名的托里老风口及风线地带，常有大风，一次大风最长持续 7 d，最高风速达 40 m/s。但近年来随着生态治理以及道路等基础设施建设工作不断深入，已经有所改善。

塔城地区地形较为复杂，北部的哈孜克提山是市内最高峰，海拔 2 148 m。西北部是西准噶尔山地和塔额盆地，南部为北天山山地，中东部是准噶尔盆地，地形各具特色。山高林密，沟深水澈的山地占总面积的 8.2%；牧草繁茂、矿藏富饶的浅山丘陵占总面积的 32.9%；光热充沛、物产丰盛的草原占总面积的 46.8%；鱼鳞沙丘、旷野壮观的沙漠占总面积的 12.1%。境内有大小河流 14 条，额敏河自东向西横贯南部，河两岸有大面积盐碱地。另外，还有喀拉古尔河、乌拉斯台河、阿布都拉河、锡伯图河由北向南纵贯塔城市，注入额敏河。

2. 昌吉州　昌吉州曾经是山羊数量较多的地州，近年来数量不断减少。目前，新疆山羊种羊场之一的新疆雪羚生物科技有限责任公司在昌吉市的庙尔沟乡。

昌吉州位于天山北麓、准噶尔盆地东南缘。位于北纬 43°20′—45°00′，东经 85°17′—91°32′。东临哈密市，西接石河子市，南与吐鲁番市、巴州毗邻，北与塔城、阿勒泰地区接壤，东北与蒙古国交界。从东、西、北三面环抱乌鲁木齐市。东西长 541 km，南北宽 285 km，总面积 7.39 万 km²。全州辖两市五县一区，昌吉州政府所在地昌吉市，东距乌鲁木齐市中心 38 km，西抵石河子市 110 km，至乌鲁木齐国际机场 18 km。草场面积约 459 万 hm²；有可耕地 70 万 hm²，常年播种面积 30 多万 hm²；森林总面积 38.38 万 hm²，森林覆盖率 4.1%。光照强、昼夜温差大，适宜并盛产小麦、玉米、水稻、棉花、糖料、油料、西甜瓜和各类水果。

四、东疆生态环境及存栏量

在东疆地区，新疆山羊主要分布在哈密市巴里坤哈萨克自治县、伊吾县等区域。目前约有 44 万只新疆山羊。

哈密市地形中间高南北低，地势差异大。中部是天山主脉——巴里坤山、喀尔里克山和天山支脉莫钦乌拉山等高大山地，呈北东-南西走向延展。最高峰海拔 4 886 m，巴里坤山主脉月牙山海拔 4 308.3 m。南北两侧是中低山区，包括中蒙边界的东准噶尔山地及哈密盆地以南久经侵蚀起伏平缓的觉罗塔格山。整个山区面积占市总面积的 3/5，是典型的温带大陆性干旱气候，昼夜温差大，民间流传有"早穿皮袄午穿纱，晚间围着火炉吃西瓜"的谚语。山区以外的市辖区域，年最大日较差 26.7 ℃，年极端最高气温 43.9 ℃，年极端最低气温-32 ℃。

天山以南的哈密市区及附近风力偏小，年平均风速仅为 2.3 m/s。哈密市区以东戈壁，盛行偏东风，年平均风速 2.3～4.9 m/s。哈密市区以西，盛行北风和西北风，年平均风速 4.8～8.7 m/s，其中沿兰新铁路沙尔至小草湖地段，被称为百里风区。巴里坤盆地、伊吾谷地受山区气候影响大，风向多变，前者以东风为主，伊吾以西风为主，年平均风速 2.5～3.7 m/s。三塘湖-淖毛湖盆地盛行偏西风，年平均风速 4.6～5.9 m/s。各地平均风速的季、月变化：春季、夏季大，秋季次之，冬季最小。风力在 8 级及以上的大风日数，平原戈壁区一般为 80～110 d，山区一般为 15～35 d。

第二章
新疆山羊品种特征和性能

第一节 新疆山羊体型外貌

一、外貌特征

新疆山羊在新疆各地都有分布，在不同气候类型下长期生存发展，体型外貌上略有差异。

新疆山羊头大小适中，鼻梁平直或略显下凹，公、母羊多数有角，角形呈半圆形弯曲或向后方直立，角尖端微向后弯。公羊的角较为粗壮，但显著短于北山羊。角上有脊，但没有北山羊那么明显。两角基间簇生毛绺下垂于额部，有的额头部没有簇生毛绺，但颌下有髯。耳小半下垂，可以较为灵活地转动，对各种声音敏感。背平直，前躯比后躯发育好。尾小而上翘。20世纪80年代之前，新疆山羊被毛的颜色多种多样，以黑色、灰色、褐色多见。后来经过选育改良，目前被毛以白色为主，只有很少的一部分为黑色、灰色、褐色及花色。

南北疆山羊均有山羊绒，9—10月逐渐长出绒毛，4—5月绒顶出皮肤脱落。在过去30～50年里，南北疆的农民都用梳绒的梳子采集山羊绒。但是近年来人工费用越来越高，而山羊绒价格多年变化幅度不大，因此一些牧民已经开始尝试用电剪剪绒。

北疆牧民有用山羊奶烧奶茶的习惯，大多数挤奶的母山羊乳房发育较好，泌乳量也较高。过去南疆农民较少喝奶，但近几年随着人员交流增多，南疆农民思想变化较大，加上当地人们慢慢形成喝山羊奶的习惯，且零售的山羊奶的价格达到40～60元/kg，部分农民也开始挤奶。

二、体重体尺

由于新疆山羊养殖环境差异大，因此体重依产地不同而异。

北疆总体水草条件较好，新疆山羊体重体尺较大。和布县那仁和布克牧场，公羊体重为 60～95 kg，母羊体重为 35～45 kg。哈密地区，成年公羊体重为 50～70 kg，成年母羊体重为 32～42 kg，周岁公羊体重为 30～40 kg，周岁母羊体重为 22～30 kg。阿勒泰地区，成年公羊体重为 55～80 kg，母羊体重为 30～40 kg，周岁公羊体重为 25～35 kg，周岁母羊体重为 22～30 kg。

南疆总体水草条件较差，新疆山羊体重体尺较小。一些荒漠半荒漠草场上的植被非常稀疏，气候也非常干燥，很多地方其他畜种难以养殖，但是新疆山羊的耐粗饲性能较好，也成为当地农民比较喜欢养殖的品种。阿克苏地区，成年公羊体重为 35～50 kg，成年母羊体重为 25～35 kg，周岁公羊体重为 18～24 kg，周岁母羊体重为 15～24 kg。克州地区的成年公羊体重为 35～48 kg，成年母羊体重为 25～34 kg，周岁公羊体重为 18～28 kg，周岁母羊体重为 15～24 kg。

但是以上体重情况，仅仅是在当地放牧饲养条件下测量的数据。曾经有很多案例，证明当南疆的新疆山羊被带到北疆以后，体重、产绒量、产奶量都大幅提升。新疆维吾尔自治区畜牧科学院（以下简称"新疆畜牧科学院"）将1只5岁的主配公羊从阿克苏运送到和布县以后，10个月内体重从 60 kg 增加到96 kg。产绒量从 660 g 提高到 1 060 g。因此，南疆的新疆山羊体重数据以及其他生产数据，有可能不代表其本身的生产能力，而只能代表当地养殖条件下的生产性能；如果改变以放牧为主的模式，提高营养水平，其生产特性可能有大幅度提升。

第二节　新疆山羊特点与适应性

新疆山羊是新疆及周边区域古老的地方品种，具有良好的产肉、产绒、产奶性能，属于兼用型羊。近年来，新疆畜牧科技部门针对绒用性能等进行了选育。新疆山羊具有适应性强，耐粗饲等特点，能适应干旱、半干旱荒漠草原和山区草场全年放牧饲养条件。

一、行为特点

1. 生性活泼 新疆山羊性情远比绵羊活泼。喜欢攀爬，只要有高的地方，就会想办法跳上去。即便是羊圈里面的窗台或者草堆，也会跳上去。如果有树，会将前腿搭在树上采食树叶。遇到能跳上去的树枝，也会尝试。新疆山羊胆子大，所以很多牧民喜欢选择新疆山羊作为头羊，这样放牧更容易。

2. 喜欢在较硬的地面上运动 长时间在松软的土地上养殖新疆山羊，蹄部会很快变形。因此，如果舍饲，则需要经常修蹄。公羊喜欢用角蹭或者顶撞墙体石头、树枝树干甚至荆棘等。舍饲过程中，需要设置这样的设施供其顶撞；否则，公羊自己找地方顶撞容易毁坏一些设施。

3. 牙齿尖利且生长较快 新疆山羊在放牧中喜欢啃食各种灌木的枝条。舍饲中长时间饲喂鲜草或者松软的饲草料，会出现牙齿长得过长的问题。此外，新疆山羊的肠道较长，耐粗饲料特性好，不宜大量饲喂青贮饲料。特别是2～3月龄的羔羊，不能大量采食青贮饲料。

4. 爱清洁且嗅觉灵敏 如果有较多饲草料，新疆山羊就不愿采食踩踏过的饲草料。其又有攀爬习惯，因此食槽上如果没有遮挡羊跳上去的横杆，则饲草浪费大；有经验的农民都会在食槽上增加一个横杆。饲喂过程中也要秉持少喂勤添多次的原则。

5. 食性杂 新疆山羊喜欢新鲜的、嫩的枝条和叶子，也喜欢采食花朵。农业农村部种羊及毛绒质量监督检验中心（乌鲁木齐）曾经做过实验，如果有新鲜的草尖、嫩枝，新疆山羊就不采食木质化程度较高的饲草料，包括草根。在饥饿2～4 d时，给棉花秆等木质化程度高的饲草料也都很快将其吃掉。

6. 有显著的公羊效应 公母羊长期隔离，在8—10月母羊发情季节，将公羊放到母羊附近后，母羊会出现较为集中（60%～80%）的发情。因此，日常饲养中，可运用公羊效应，做好人工授精等工作。

7. 新疆山羊容易形成条件反射 每次饲喂时饲料车的声音，或者特定的饲槽，或者饲养员特定的动作，都可以成为新疆山羊条件反射的特征点。对其他异常的声音或者突然性的行动新疆山羊反应较大，因此放牧或者养殖过程中应尽量避免惊吓等刺激。

8. 对苦味的耐受力强 新疆山羊喜欢吃甜的，对苦味的耐受力强于绵羊。

9. **公羊发情表现明显** 新疆山羊公羊到繁殖季节时，非常频繁地爬跨。向自己的脸部、前腿部射精或者撒尿，公羊所特有的膻味会变得非常浓。

10. **母羊的母性非常强** 嗅觉也较为灵敏，主要通过嗅觉识别自己的羔羊。母羊作为保姆羊使用时，拴绑后就可以给别的羔羊喂奶。

11. **喜欢互相模仿** 群羊在一起，互相模仿的情况就比较多。在给羊穿衣时，如果都穿，发生打斗的情况就比较少。如果个别的羊穿衣，其他的羊会群起而攻之。即便是打架比较厉害的羊，在穿衣后，也会受到群羊攻击。

二、适应性

新疆山羊的适应性非常强。从南疆到北疆、从寒冷的地方到类似吐鲁番这样夏季较为炎热的地方，或者长途运输，未观察到有明显的应激反应。突然变化饲草料，对新疆山羊有显著影响，但是应激反应要小于绵羊。新疆山羊对气候逆变的情况耐受力也显著高于绵羊。气温急剧降低时需要注意加强保暖，否则易出现流产。新疆山羊一旦吃了青草，就不愿意采食干草。所以在春季要格外注意这类细节。

第三节 新疆山羊生产性能

一、繁殖性能

性成熟为 4~6 月龄。初配年龄为 1 岁半，个别的农民也有当年配种的，但是不鼓励当年配种。放牧山羊的繁殖配种季节性强，农区山羊在 9~10 月配种，山区山羊在 10—11 月配种，发情持续期为 20~48 h，妊娠期 150 d 左右。放牧条件下，新疆山羊平均产羔率 110% 左右。舍饲条件下，饲养水平较高的，繁殖率也可以达到 140%~150%。

一般情况下，自然交配情况下，一只公羊可以配种 20~40 只母羊，但是个体之间差距较大。因此，在制订繁殖计划时，要根据公羊的实际表现因地制宜。选种公羊时，除生产性能外，繁殖性能也需要考虑。

二、产绒性能

在四季放牧条件下，北疆地区绒山羊成年羊年平均抓绒量 200~400 g，其中核心场的一般在 400~600 g。南疆地区绒山羊年平均抓绒量 150~400 g，其中核心场的一般在 350～550 g。细度为 11～19 μm，主体细度目前南北疆都在 15 μm 左右。

但是超细型和极细型的羊场，山羊绒细度为 13～14 μm 的，已经可以形成批。12 μm 的也已经有一定数量。

三、产肉性能

测定 15 只周岁公羊，平均宰前重（22.59±3.04）kg、胴体重（9.16±1.31）kg、腰部肌肉厚度（1.77±0.49）cm、大腿肌肉厚度（5.58±0.78）cm、骨重（2.37±0.23）kg、屠宰率 40.55%±2.15%、净肉率 29.67%±1.65%。测定 15 只周岁母羊，平均宰前重（22.9±2.92）kg、胴体重（9.23±1.39）kg、腰部肌肉厚度（1.93±0.52）cm、大腿肌肉厚度（5.53±0.93）cm、骨重（2.29±0.23）kg、屠宰率 40.13%±2.42%、净肉率 29.8%±2.49%。

四、其他产品

1. 肠衣　新疆山羊的肠衣薄韧透明，有横劲、竖劲。多年来一直远销欧洲。

2. 皮张　新疆山羊的板皮较厚，表面细致，纤维紧密，手感较紧，很受皮革业欢迎。

第三章
新疆山羊品种资源保护

第一节　新疆山羊保种场概况

一、新疆山羊原种场概况

那仁和布克牧场位于和布县县城以西 17 km 处，是以牧为主、农牧结合的牧场，东与莫特格乡相连，南与和什托洛盖镇、克拉玛依市毗邻，西与托里、额敏交界，北与铁布肯乌散乡接壤。总面积 2 376 km²。为第 3 批"自治区级生态乡镇"。布德恩江村申报了国家级生态村。全场 970 户 3 137 人，其中蒙古族 1 784 人，哈族 829 人，汉族 504 人，其他民族 20 人。现有生产经营单位 9 个，其中牧业队 5 个，农业队 3 个，新疆山羊繁育基地 1 个。全场共有草场 $1.5×10^5$ hm²，有效草场面积 $1.1×10^5$ hm²，围栏草场面积 $2.1×10^3$ hm²，人工草场面积 333 hm²，农业种植面积 380 hm²。2009 年，被新疆维吾尔自治区畜牧厅列为新疆山羊原种场和保种场。现有新疆山羊 3 000 只，其中白色的有 2 400 只，黑色、棕色、灰色的有 600 只，目前产绒量只均 450 g。历史上公羊产绒量最高的 1 160 g，体重最大的公羊 102 kg，产羔最多的一胎 4 只。

二、新疆山羊原种场管理制度情况

和布县那仁和布克牧场（以下简称"那仁和布克牧场"）在长期生产实践中形成了一系列管理制度，如组织制度、提拔任用制度、学习制度、财务管理制度及奖罚措施等基本制度，各领导班子成员有严格的分工；在新疆山羊生产过程中形成了《新疆山羊生产考核及奖罚细则》《人工授精管理办法》《新疆山羊鉴定、整群标准》，以及《剪毛手管理制度》《细羊毛分级管理办法》等现代

13

化新疆山羊生产管理制度及措施。

三、新疆山羊原种场生产现状

那仁和布克牧场在新疆山羊现代化、产业化发展过程中，依托新疆畜牧科学院的技术支撑，采用成熟配套的新疆山羊生产管理技术措施：如引种导血、人工授精、鉴定整群、统一防疫、饲草料调制加工等育种改良措施和饲养集成配套技术，育种改良成效十分显著，新疆山羊种公羊自主培育和核心群母羊生产技术得到迅速提高。

那仁和布克牧场育种改良和生产技术得到改进。建场初始，在新疆畜牧科学院、农业农村部种羊及毛绒质量监督检验测试中心（乌鲁木齐）等的技术支持下，采用引种导血、人工授精、鉴定整群、统一防疫、饲草料调制加工等改良技术，大面积改良，逐步淘汰性能不好的新疆山羊。在引进育种技术并消化吸收的基础上，近几年育种改良技术得到进一步推广应用，加快了新疆山羊生产现代化、产业化进程，经济效益得到充分体现。以引种导血为例，自1989年那仁和布克牧场绒山羊繁育基地建立以来，其曾多次荣获自治区、地区、自治县先进单位称号。与新疆畜牧科学院合作，进行新疆山羊新品系改良科研课题的开发推广。新疆山羊的品质及绒毛质量显著提高，在保证山羊绒优质细度（14.5～15 μm）的前提下，长度由2.5 cm达到5 cm以上，新疆山羊原种场和那仁和布克牧场的种羊推广区，产绒量由90 g提高到450 g，这些成果的取得为全疆绒山羊的改良发展做出了贡献。

截至目前，新疆山羊原种场先后向全县各乡镇推广出售种羊3 600余只，向全疆五地州、13个县市出售种羊达5 900多只，对全县山羊改良和普及起到了一定的推动作用，也是广大农牧民致富增收的经济亮点。随着和布县那仁和布克牧场新疆山羊培育和生产技术集成配套能力加强，以引种导血、人工授精、鉴定整群为核心内容的新疆山羊培育技术及以羊穿衣为核心内容的生产技术得到进一步开发利用，而且应用效果也十分明显。

第二节　新疆山羊保种育种目标

那仁和布克牧场以繁育新疆山羊为中心任务，采取放牧＋舍饲的饲养管理方式，继续提高那仁和布克牧场现有新疆山羊的品质；并向周边推广种羊以促进北疆绒山羊业的发展，满足国民经济对羊绒的需要。同时，扩大饲料基地和增添必要的基本设备，在实行企业化经营的原则下保证育种计划的实现。

新疆山羊原种场已有高产型核心群母羊1 200只（特级母羊1 050只，一级母羊150只），细绒型核心群母羊440只（特级母羊400只，一级母羊40只），有色型核心群母羊320只（特级母羊290只，一级母羊30只）；野生型核心群母羊350只（特级母羊315只，一级母羊35只）。

今后的保种育种目标：那仁和布克牧场和新疆雪羚生物科技有限责任公司、新疆山羊原种场和新疆畜牧科学院、农业农村部种羊及毛绒质量监督检验中心（乌鲁木齐）等单位一起以活体保护新疆山羊遗传多样性为主，以保护和利用新疆山羊遗传资源为目的，充分利用现有新疆山羊资源，最大限度地发挥新疆山羊的优势，发展高产型、细绒型、有色型、野生型。高产型适当引入辽宁绒山羊，提高产绒量；细绒型以白色新疆山羊原种为主，扩大优势基因的群体数量，降低绒的细度；有色型以黑色、棕色新疆山羊原种为主，主要生产天然紫绒、青绒；野生型通过导入野生北山羊血液，形成野生品系，降低绒细度。在各类品系培育过程中，注重对双胎性能的选育，以提高繁殖率。

第三节　新疆山羊保种技术措施

在新疆山羊育种过程中，只有不断地培育出生产性能好的种羊来扩大繁殖，才能提高种羊群综合品质，最终达到提高经济效益的目的。因此，选种是新疆山羊保种的前提和基础，必须按照新疆山羊的品种标准加强种羊的选择，尤其是重视种公羊的选择工作，在注重种羊体型外貌、羊绒品质及个体生产性能、后代品质、血统等方面的同时，注意细度的选择，兼顾羊绒的综合品质，如羊绒长度、密度、净绒率等性状的选择。

新疆山羊保种场核心群留用的种公羊从所有育成公羊内选择并加以重点培养，留用种公羊需经过初生鉴定、断奶鉴定、周岁鉴定、复查鉴定以决定留用与否。在选种时侧重考虑以下几方面：

1. 体型外貌　凡是不符合本品种特征的羊均不能作为选种对象，如产肉性能、繁殖性能的某些方面，这些方面可以通过体型选择来解决。

2. 生产性能　指体重、屠宰率、繁殖力、泌乳力、早熟性、产绒量、绒细度、绒长度等性状。产绒性能可以通过遗传传给后代，因此选择生产性能好的种羊是选育的关键环节。种羊场选择种羊时应突出主要优点（山羊绒细度、长度和产绒量）。

3. 后裔　种羊本身具备优良性能是选种的前提条件，更重要的是它的优良性能是不是传给了后代。优良性能不稳定的种羊不可作为种用。同时，在选种过程中，要不断地选留那些性能好的后代作为后备种羊。

4. 个体鉴定　新疆山羊原种场各年度的选种主要在对全群羊只进行普查鉴定的基础上进行。鉴定包括个体鉴定和等级鉴定两种，都要按鉴定的项目和等级标准准确地进行。个体鉴定要按项目进行逐项记录，进行个体鉴定的羊包括特级、一级公羊和其他各级种用公羊，准备出售的成年公羊和公羔，特级母羊和指定做后裔测验的母羊及其羔羊。除进行个体鉴定的以外都做等级鉴定。等级标准按照《新疆山羊》标准执行。

第四节　新疆山羊选种新技术

新疆山羊原种场很重要的工作就是要不断对各类羊进行筛选，以保证核心群羊群得到不断补充，种质得到越来越多的纯化优化。而由于毛绒品质的巨大差异以及对环境温湿度敏感的反应，对检测环境及检测手段有很高的要求。抓羊-采集样品-运到实验室-检验-重新抓羊-查找羊的耳号，根据鉴定结果重新分群，这样的传统选种方法经历的环节多、场所多，劳动强度非常大，严重限制了保种工作的开展。而全自动细度长度快速检测仪不需要对毛绒进行分拣，不需要恒温恒湿环境，是提高选种效率的关键设备。因此，那仁和布克牧场于2015 年开始，购置了农业农村部种羊及毛绒质量监督检测测试中心（乌鲁木齐）、中国纤维检验局、清华大学和北京天成中鼎科技公司等联合开发的便携式细度长度快速检测一体机和毛绒有色有髓毛快速检测一体机，主要用于绒山羊绒品质的快速检测和分析。

便携式细度长度快速检测一体机无需恒温恒湿室，可以在现场直接检测。能够对金丝毛、半毛半绒纤维及杂色绒等绒山羊选种的关键指标进行筛查，大幅提升育种选种的精确度，加快遗传进展。设备都采用了易检测技术，不需要特别培训就可以轻松检测。另外，实现了精密检测设备农机化，可以耐受尘土、光照、风以及一定程度的颠簸、震动。可以用于现场选种育种，可以作为绒毛现成分级整理，还可以支持优绒优价公平贸易，支持纺织企业纺织加工方案的制订。而毛绒色度检测仪则是开展紫绒、青绒以及白中白等颜色、光泽的程度进行评估所必需的设备，也是开展选种的基本技术手段。此外，还有毛绒长度强力仪，全自动开松机、全自动五槽洗毛机等。同时，配备了胚胎移植、人工授精所需的设备，可以保证对发现的新疆山羊中的优秀个体最快程度地扩繁数量，为细、长、色等优秀基因在保种以及优秀种质资源开发利用方面发挥更好的作用。配备了液氮罐等设备，可以保证将最优秀的种质资源以非活体的方式进行保存，真正起到保种作用。

第五节　新疆山羊良种登记与建档

一、原始资料记录

包括配种记录、鉴定记录、抓绒记录、产羔记录。

（一）配种期间的记录

1. 配种记录

（1）记录内容　包括母羊号、与配种公羊号、配种日期及复发情羊复配日期、复配种公羊号，并在配种记录封面记录群主姓名、群号、本群母羊总只数。

（2）记录时间　母羊输精的时间，精确到天、分钟。

2. 种公羊采精记录

（1）记录内容　包括采精日期、采精种公羊号、各次采精量及精液品质（含密度、活力）。

（2）记录时间　验精完成即记录。

3. 配种羊数累积表　各群每天发情配种的羊只数、累积数；每个情期配种完成后，统计情期配种率、复配率。

（二）产羔记录

1. 记录内容　种母羊耳号、与配种公羊号、配种日期、产羔日期、羔羊性别、初生重、同胞数（单羔、双羔、三羔）、初生鉴定、临时编号、代哺情况及死亡情况（时间、病因）。记录时间：羔羊出生 24 h。

2. 每 10 d 上报一次产羔报表　包括本群年初只数、产羔母羊数、未产母羊数、空胎数、产羔数、流产死胎数、成活羔羊数（公母）、羔羊死亡数（注明原因）等，并计算出繁殖成活率、羔羊死亡率以及生产母羊产羔期间死亡情况。由基地公司汇总报送总公司。

（三）抓绒记录

1. 记录内容　羊号、个体抓绒量、抓绒后体重、抓绒工人序号。
2. 记录时间　剪毛同期。

（四）鉴定记录

包括育成羊（周岁公母羊）鉴定记录、两岁终身（母羊）鉴定记录、成年种公母羊鉴定及复查记录等；个体号、父母号、等级、各项性状鉴定结果及鉴定时体重（抓绒后体重）；同时注明品种、类型及鉴定员、记录员、群主姓名等；记录时间及鉴定的地点、记录的人员。

（五）其他记录

1. 羔羊离乳记录　包括断奶日期、体重、等级、品种。
2. 净绒率测定记录　包括群别、羊号（或包号）、绒样种类、序号、采样时重量、洗前重量、净绒绝干重、净绒率。
3. 羊绒分析记录　绒样来源、客观检测分析的品质、分析日期、分析结果。
4. 体重（膘情）记录　每年秋季随机抽一定数量的羊只测定其体重，现场记录群别、羊号、体重、抽样数、称重日期。

以上原始资料，在年终时分类装订成册，妥善保存。

二、各类育种卡片

对达到特级、一级标准的种公羊和成年母羊要进行良种登记，建立种公羊和种母羊卡片。

1. 种公羊卡片　填写各年度的生产性能、谱系、配种情况、后裔品质、疫病检疫、淘汰日期及原因。
2. 种母羊卡片　填写各年度的生产性能、谱系、配种产羔成绩、后裔品质、疫病检疫、淘汰日期及原因。

3. 销售种羊卡片　填写销售种羊的出生地点、出生日期、鉴定结果、生产性能、简单谱系、疾病检疫、疫苗注射（本卡片通常从新疆维吾尔自治区畜牧厅购买）。

4. 种羊卡片的整理　按群别按羊号顺序存放，每年整理一次，将死亡、淘汰、出售或调群的羊只卡片取出，按顺序放入淘汰羊卡片内或调动后的新群卡片内；当年新补充的育成羊建立卡片后按顺序放入所在羊群卡片内，并建立当年卡片目录。

三、统计、分析

1. 种羊生产统计资料　根据原始记录，种羊的产绒量、净绒率、抓绒后体重、绒细度、长度等育种需要，分类统计、分析。

2. 种羊鉴定成绩统计资料　根据原始记录，按鉴定项目分类、统计。

3. 繁育统计资料　包括产羔、断奶、羔羊死亡、繁殖成活率等统计。

4. 专题统计分析资料　按专题研究的需要进行的统计、分析资料。

四、羊群管理类资料

1. 整群计划　按照育种目标制订的年度整群方案。

2. 选配计划　按照育种目标制订的年度选配方案。

3. 补饲计划　按羊群不同品质、生理阶段，制订出的日粮结构和补饲总量的饲养方案。

4. 育种工作总结　年终对全年各项工作、计划执行完成情况全面总结。

五、图片、影像及其他实物资料

反映总基地生产经营过程和种羊群优秀个体、群体的育种、生产、饲养管理状况的图片、影像及其他实物（如山羊绒样品）资料分门别类进行保存。

六、归档期限

各类原始资料、种羊卡片以 10 年为期归档管理，统计分析资料以 5 年为期归档管理，技术资料、图片、影像及其他实物资料以 2 年为期归档管理。

第四章
新疆山羊品种选育

第一节　新疆山羊选育目标

重点以活体保护和利用新疆山羊遗传多样性为目的，充分利用现有新疆山羊资源，最大限度发挥新疆山羊的优势。开展高产型、细绒型、有色型、野生型、双羔型等几个类型的选育。高产型适当引入辽宁绒山羊，提高产绒量；细绒型以白色新疆山羊原种为主，扩大优势基因的群体数量，降低绒的细度；有色型以黑色、棕色新疆山羊原种为主，主要生产天然紫绒、青绒；野生型通过导入野生北山羊的基因，形成野生品系，减低绒细度，培养彩色绒毛，提升羊的抗病力、肉的风味及皮张的强力。在各类品系培育过程中，注重对双胎性能的选育，以提高繁殖率。

第二节　新疆山羊选种指标

一、高产型

1. 外貌特征　体格稍偏大，体质结实，结构匀称。背毛白色，绒丛油汗适中、无干燥感，毛长而有光泽。

2. 生产性能　成年公母羊产绒量分别为 650 g 和 450 g 以上，绒细度为 16 μm 以下，绒长度为 50 mm 以上。

二、细绒型

1. 外貌特征　体格中等，体质结实，结构匀称。背毛白色，绒丛油汗适中、无干燥感，毛长而有光泽。

2. 生产性能　成年公母羊产绒量分别为 380 g、300 g 以上，绒细度为 14.5 μm 以下，绒长度为 40 mm 以上。

三、有色型

1. 外貌特征　体格偏小，体质结实，结构匀称。背毛以黑色、棕色为主。绒丛油汗适中、无干燥感，毛长而有光泽。

2. 生产性能　成年公母羊产绒量分别为 280 g、220 g 以上，绒细度为 14 μm 以下，绒长度为 40 mm 以上。

四、野生型

1. 外貌特征　角形偏野生北山羊的角形，角长且粗壮，嵴突明显；体格偏大，体质结实，结构匀称。背毛以棕色、杂色为主。绒丛油汗适中、无干燥感，毛长而有光泽。

2. 生产性能　成年公母羊产绒量分别为 280 g、220 g 以上，绒细度为 14 μm 以下，绒长度 40 mm 以上。

根据《新疆山羊》（GB/T 36185—2018）要求，新疆山羊分级生产性能、体重最低指标见表 4-1。

表 4-1　新疆山羊分级生产性能、体重最低指标

类别	一级				二级			
	抓绒后体重（kg）	抓绒量（g）	羊绒品质		抓绒后体重（kg）	抓绒量（g）	羊绒品质	
			长度（mm）	细度（μm）			长度（mm）	细度（μm）
成年公羊	50	250	≥40	≤14.5	40	220	≥40	≤14.5
成年母羊	35	200	≥40	≤14.0	30	180	≥40	≤14.0
周岁公羊	26	200	≥40	≤14.0	25	180	≥40	≤14.0
周岁母羊	22	150	≥40	≤14.0	20	130	≥40	≤14.0

第三节　新疆山羊选育技术方案及育种措施

一、选育原则

（1）坚持国家关于优良畜禽品种资源保护及发展的政策、布局、法律法

规。对种畜繁育、种畜生产等工作严格按照国家及行业规定执行。

（2）强制执行选择优良、严格淘汰不符合品种标准的个体的原则，保证种畜总体品质。

（3）加强选育新疆山羊的优良基因特征、经济性状资源的开发和利用，逐步建立高产、绒细、有色、野生品系，积极推广和使用先进、科学技术。

二、育种方法

1. 选种　在新疆山羊育种过程中，只有不断地培育出生产性能好的种羊来扩大繁殖，才能达到提高种羊群综合品质，最终达到提高经济效益的目的，因此选种是选育的前提和基础。为了保证选育计划制订的种羊质量指标，必须按照新疆山羊的品种标准加强种羊的选择，尤其是重视种公羊的选择工作，在注重种羊体型外貌、羊绒品质及个体生产性能、后代品质、血统等方面的同时，注意绒细度的选择，兼顾羊绒的综合品质，如羊绒长度、密度、净绒率等性状的选择。

种羊场核心群留用的种公羊从全部育成公羊内选择并加以重点培养，留用种公羊需经过初生鉴定、断奶鉴定、周岁鉴定、复查鉴定以决定留用与否。种羊鉴定使用标准参照新疆维吾尔自治区市场监督管理局颁布的《山羊绒生产标准体系》中的《绒山羊种羊鉴定技术规范》（DB 65/T 2183—2004）及《种羊遗传评估技术规范》（NY/T 1872—2010）标准执行。在选种时侧重考虑以下几方面：

（1）体型外貌　凡是不符合本品种特征的羊均不能作为选种的对象，如产肉性能、繁殖性能的某些方面，这些方面可以通过体型选择来解决。

（2）生产性能　指体重、屠宰率、繁殖力、泌乳力、早熟性、产绒量、绒细度、绒长度等性状。新疆山羊的生产性能可以通过遗传传给后代，因此选择生产性能好的种羊是选育的关键环节。种羊场选择种羊时应突出主要优点（羊绒细度、长度和产绒量）。

（3）后裔　种羊本身具备优良性能是选种的前提条件，更重要的是它的优良性能是不是传给了后代。优良性能不稳定的种羊不可作为种用。同时，在选种过程中，要不断地选留那些性能好的后代作为后备种羊。

（4）血统　注意品种的谱系记录。

2. 鉴定　各年度的选种主要在对全群羊只进行普查鉴定的基础上进行。

鉴定包括个体鉴定和等级鉴定两种，都要按鉴定的项目和等级标准准确地进行等级评定。个体鉴定要按项目进行逐项记录，进行个体鉴定的羊包括特级、一级公羊和其他各级种用公羊，准备出售的成年公羊和公羔，特级母羊和指定做后裔测验的母羊及其羔羊。除进行个体鉴定的以外都做等级鉴定。等级标准按照《新疆山羊》标准执行。

种羊的鉴定一般在体型外貌、生产性能充分表现，且有可能做出正确判断时进行。公羊一般在2岁、生产母羊在第1次产羔后对其生产性能进行测定。为了培育优良种公羊，公羔在初生、断奶、6月龄、周岁的时候都要进行鉴定。主配种公羊后代品质必须进行鉴定，主要通过各项生产性能测定来进行后裔测定。对后代品质的鉴定，是选种的重要依据。凡是不符合要求的均应及时淘汰，符合标准的作为种用。

山羊的羊绒细度、绒长度及其产绒量等主要经济性状都与遗传因素有关。应按要求进行初生鉴定、断奶鉴定、周岁鉴定，对不符合种用要求的种羊，及时从种羊群中挑出，放入生产群。公羊配种后，根据配种能力、精子活力、受胎率、产羔率等进行选种。如果精液品质不佳，应淘汰。另外，对公羊后代生产性状也应进行分析。

（1）初生鉴定

① 鉴定时间　指初生当日。

② 鉴定内容　指编个体号、登记父母号、出生日期、性别、初生重、毛色等。

（2）断奶鉴定

① 鉴定时间　指120日龄。

② 鉴定内容　指出生等级、断奶重、发育状况。

（3）周岁鉴定　主要指对周岁时外貌（也可包括生长发育）鉴定和生产性能鉴定。

① 鉴定时间　每年春天，山羊绒顶绒之前进行。鉴定分为四级，并将一级中特优个体定为特级。

② 周岁鉴定的基本内容和技术尺度

第一，来源。父号、品种、等级、抓绒量；母号、品种、等级、抓绒量。

第二，品种特征。依据新疆山羊品种特征、体质类型、外形结构等的综合品质判定。

第三，测定羊绒自然长度（以 mm 表示）。

绒细度和均匀度评估：以品种要求的理想细度为细度指标，与体侧绒纤维细度做比较。

密度评估：根据手对绒毛着生充实度的手感、绒毛丛间的皮肤间隙程度的视感来评估绒密度。

含绒率评估：抓绒时，根据原绒中含有的两性纤维、粗毛及皮屑等杂质的情况，对含绒率进行评估。

第四，记录体格大小。群内个体参数相互比较。

第五，抓绒量和抓绒后体重。鉴定后，待绒顶起进行抓绒，称原绒重量和抓绒后体重，并填入鉴定表中。

（4）2 岁鉴定（终生鉴定）

① 列入 2 岁鉴定的对象　在周岁鉴定时列为特一级的个体；周岁鉴定时，外貌品质等级与抓绒量等级严重不符者；在周岁鉴定时列为一级以下的个体，到 2 岁时有显著的外貌改善者。

② 鉴定时间　同周岁鉴定。

③ 基本方法　同周岁鉴定。

④ 基本内容和技术尺度　除绒细度和绒长度指标应有所调整外，其余内容和尺度同周岁鉴定。

（5）重复鉴定

① 鉴定对象　种用公羊和个别特级母羊。

② 鉴定时间　同周岁鉴定。

③ 基本方法　同周岁鉴定。

④ 基本内容和技术尺度　除绒细度和绒长度指标应有所调整外，其余内容和尺度同周岁鉴定。有了后代种羊，生产性能可根据需要进行后裔测验，做新种鉴定选择。

鉴定工作中，应着重于与育种方向有关性状的鉴定，并严格掌握标准，做好鉴定记录整理工作。

每年对核心群基础群母羊、种公羊（包括试情补配公羊）育成羊逐个进行个体鉴定，并把结果记入种公羊、种母羊卡片。进行初生观察时，对羔羊要认真观察其发育状况、体格大小、类型等。

3. 选配　选配的原则是育种核心群的选配要与选种紧密结合起来。一是选种时要考虑到选配的需要，为其提供必要的参照资料；选配要与选种配合，能使双亲有益性状固定下来并传给后代。二是用最好的种公羊选配最好的种母羊，但要求种公羊的品质和生产性能必须高于种母羊，较差的种母羊也要尽可能与品质优秀的种公羊交配，使后代各性状得到一定程度的改善，不允许有相同缺点的种公羊、种母羊进行选配。三是要扩大优秀种公羊的利用率，种羊场根据育种需要选留的种公羊必须经过后裔测验，在其遗传性未经证实之前，可按种公羊的体型外貌和生产性能进行选配。

三、种羊育种方案

1. 育种目标的评估　将育种的最终目的定位到了畜群的生产效益上，评估育种目标的实际是确定经济性状的综合育种值。综合育种值是拟进行遗传改进并经过经济加权的各经济性状的线性组合。这里使用综合育种值的目的不再是为了个体的遗传评定，而是借助综合育种值表达一个育种方案的育种目标，由此可将育种目标更好地量化，以货币为单位，表示整体育种目标的价值。综合育种值是一个线性函数，它包括对动物生产获利性起作用的多个性状，并根据各性状的经济重要性分别给予加权。

2. 选择性状的确定　能反映新疆山羊生产性能的性状分两类：产绒性状和产肉性状。

（1）产绒性状　包括原绒产量、净绒率、净绒量、绒长度、绒细度、绒强度、绒颜色。有些性状之间存在相关，没有必要在育种目标中都加以考虑，净绒量与原绒产量、净绒率相关很高。原绒产量受环境影响较大，不能反映新疆山羊的真正生产能力，可以用净绒量来代表。羊绒细度和长度是反映羊绒品质的两个重要指标，虽然新疆山羊生产的羊绒符合优质羊绒标准，但是就细度来说，不同的细度出口价值和纺织价值是不一样的。我国的羊绒收购中已经开始根据绒细度和绒长度的不同做价格的调整，所以这两个性状应该加以考虑，即使在生产群的选择中不考虑，最少也应该包括在育种群的选择中。绒强度和绒颜色对绒的纺织性能有较大影响，但由于目前没有大规模测试的手段，它们与其他性状的关系的研究也很少，这里先不考虑。

（2）产肉性状　包括胴体重、屠宰率、净肉重、胴体产肉率、骨肉比、眼肌面积、肉品质等。胴体品质是反映肉用性能的一个主要指标，但在我国有关绒山羊品质、胴体组成方面的研究还很少，在商业上也没有明确的等级标准，只好先不考虑。也没有大规模测试和研究过其他肉用性状，所以这里先不做考虑，只是将宰前活重放在生长性状的育种目标中加以适当考虑。最能直接反映新疆山羊生长发育的性状是日增重，但是根据目前生产的实际情况，绝大多数新疆山羊养殖场每年成年羊、剩余的育成羊、淘汰的羔羊并非是在达到某一体重时出售或屠宰，而是集中在某一时间出售或屠宰。根据这些具体情况，我们将秋季淘汰时成年羊、育成羊和断奶后羔羊的体重作为评价生长发育的指标，同时也可以作为产肉性能的重要指标。

繁殖性状是一个综合性状，对育种效益、生产获利性起持久作用，是影响育种效益的主要性状之一，受许多因素影响。每只母羊的断奶羔羊数就是反映公母羊繁殖力、母羊哺育性能的综合指标，易于在实践中记录和分析，也能反映育种的经济重要性，所以在新疆山羊保种育种中，我们主要用它来表征繁殖性状。

近年来，在新疆山羊育种过程中通过对净绒量、绒细度、绒长度、双羔率、断奶后羔羊体重、育成羊体重、成年羊体重和断奶羔羊数的长期选择已经体现出了育种效益。根据新疆山羊产业发展的现状，抗病性、使用寿命、易管理特征和绒强度等性状目前对生产的获利性影响不大，有的目前进行准确评定还缺少条件，留待今后逐步启动。

第五章
新疆山羊品种繁殖技术

第一节　新疆山羊生殖生理

一、繁殖季节

新疆山羊由于长期自然选择，繁殖具有明显的季节性。原来配种的季节，是以羔羊出生时有良好的生存条件为依据的，所以都在牧草茂盛的秋季配种，在春暖花开时产羔。近年来，随着国家、自治区、地区、县及企业对新疆山羊及其关联产业的投入都不断增加，生产条件显著改善。新疆山羊于配种前实行短期优饲，可使配种提前，且受胎率提高。另外，繁殖季节也有了更多选择。此外，通过在一些地方进行试验，冬羔的生长发育等生产性能可能优于春羔。相关的研究还可以进一步深入开展。

二、配种年龄

新疆山羊是季节性发情的家畜。当生殖器官发育完全，性腺中形成性细胞和性激素时称为性成熟。新疆山羊的初情期一般出现在性成熟后的第 1 个繁殖季节，即 6～9 月龄。一般早期出现，生长发育良好，在第 1 个繁殖季节体重达到成年体重的 60%～70% 的母羔羊可以配种。否则，在其出生的第 2 个繁殖季节参加配种。新疆山羊的性成熟在 3～6 月龄。小公羔在 3～6 月龄出现爬跨，有的已经会射精。目前，新疆山羊的繁殖终止年龄，母羊为 6～7 岁，公羊为 7～8 岁。

（一）公羊的性行为与性成熟

公羊的睾丸内出现成熟的、具有受精能力的精子时，即是公羊的性成熟期。当羔羊具有成年羊的固有体型，生长发育也基本完成时，即达到体成熟。体成熟的羊就可进行配种。

新疆山羊的性成熟受品种、年龄、气候、营养、日照、性刺激、激素处理等因素的影响。新疆山羊一般公羊的性成熟期为 5～7 月龄。体成熟一般到 1 岁多。新疆公羊一般在 1.5～2.5 岁配种，母羊通常在 1.5 岁左右配种。

新疆山羊公羊的性行为主要表现为性兴奋、求偶、交配。公羊表现为四处追赶母羊，用鼻嗅母羊或用腿扒母羊后躯及爬跨母羊等。常有举头、口唇上翘，发出连串叫声，性兴奋发展到一定程度后即交配。公羊实际交配并射精的时间一般为 5～10 s。

新疆山羊公羊发情没有明显的季节性，但精液数量及其特征有显著的季节性。根据那仁和布克牧场的实际统计，新疆山羊的射精量秋季最多，平均为 1.92 mL；夏季最少，平均为 1.24 mL。

近年来，国内外已经成功研究出快繁技术，即母羔在 40 日龄左右配种，初情期前用激素诱导发情配种，辅以丰富的营养，可提高母羊的繁殖力，缩短世代间隔，加大遗传进展。

（二）母羊的初发情与性成熟

新疆山羊母羊性机能的发展过程一般分为初情期、性成熟期及繁殖机能停止期。

新疆山羊母羊幼龄期的卵巢及其他性器官均处于未发育状态，卵巢内的卵泡在发育过程中多数萎缩闭锁。随着母羊生长发育到一定年龄和体重时，母羊即发生第 1 次发情和排卵，即为初情期。此时，母羊虽有发情表现，但不完全，发情周期也往往不正常，其生殖器官仍在生长发育中。此后，垂体前叶产生大量促性腺激素释放到血液中，促进卵泡发育。同时，卵泡产生雌激素释放到血液中，刺激生殖器官的生长和发育。山羊的初情期比绵羊的初情期早，一般为 5～7 月龄。

新疆山羊母羊到了一定年龄，生殖器官已发育完全，具备了繁殖能力，称为性成熟期。性成熟后，就能够配种怀胎并繁殖后代，但此时身体的生长发育尚未成熟，故性成熟并不意味着最适配年龄。实践证明，幼畜过早配种，不仅严重阻碍其本身的生长发育，而且也严重影响后代体质和生产性能。母羊达到性成熟为 6～8 月龄。

新疆山羊母羊的性成熟期迟早主要取决于个体、气候和饲养管理条件等因素。体况发育良好的性成熟早，温暖地区较寒冷地区早，饲养管理好的性成熟也较早。但是，母羊初配年龄过迟，不仅影响其繁殖进程，而且也会造成经济损失。

（三）母羊的发情

正常发情，是指母羊发育到一定程度所表现的一种周期性的性活动现象。母羊发情包括 3 个方面的变化：母羊的精神状态、生殖道的变化、卵巢的变化。因为目前新疆山羊的核心种羊场大多使用人工授精，因此母羊能否正常繁殖，往往决定于发情是否正常且是否能被及时发现。

新疆山羊母羊发情时，发情症状比绵羊明显。表现为喜欢接近公羊或者喜欢被公羊追逐接近，有时两腿分开，摇动尾巴，食欲减退，有的咩叫不停，阴部有分泌物流出。一部分处女羊第 1 次发情不是十分明显，有的拒绝公羊爬跨。无论发情症状是否明显，只要公羊紧紧追赶，就认为母羊已经发情。

营养对配种季节的影响较为明显。在牧草生长良好的草场上放牧，或者繁殖期前提前补饲加强营养，提升羊的膘情，一般发情较早且整齐，繁殖季节来得稍早。

新疆山羊的公羊对母羊有明显的诱导发情作用。平时可以将公羊和母羊分群分地饲养。公母羊长时间不见面，到繁殖季节一旦接触，就会诱发母羊在较短时间内集体发情。

（四）发情持续期

母羊每次发情持续的时间称为发情持续期，新疆山羊发情持续期为 34～40 h，一般为 24～48 h，平均为 31 h。发情持续期的长短，受品种、年龄、繁殖季节的影响。羔羊第 1 次发情的持续时间短，成年羊则长。繁殖季节初期短，中期长，后期短。公母混群的母羊，发情持续期较短，且一致性相对较高。

新疆山羊母羊第 1 次排卵在发情开始后（34.5±6.6）h，绵羊却为 26 h。新疆山羊在一个发情周期内大多数排 1～4 枚卵，有的品种排卵数量较多，在发情周期中若排出 2 枚以上卵子，可以由 2 个卵巢排出，也可从 1 个卵巢排出。排双卵的时间较长，平均为 2 h。目前，采用先进繁殖技术，如超数排卵，可使排卵数高达 50 多枚。成熟卵排出后在输卵管中存活的时间为 4～8 h，公羊精子在母羊生殖道内受精作用最旺盛的时间越为 24 h，为使精子和卵子得到充分结合的机会，最好在排卵前数小时内配种。因此，比较适宜的配种时间应在发情中期。

（五）发情周期

通常以一次发情的开始至下一次周期的开始间隔的天数为一个发情周期。在一个发情周期内，未经配种或虽经配种而未受孕的母羊，其生殖器官和机体发生一系列周期性变化，会再次发情，新疆山羊发情周期平均为 21 d（18～24 d），绵羊的为 16～17 d。

据对 420 只母羊的观察，发情周期平均为 19.62 d（19～21 d），在此范围内的母羊占 77.9%，15～18 d 的占 14%，22～23 d 的占 8.1%，不同品种存在一定差异。在发情周期中，母羊的生殖器官和精神状态还常有明显的阶段性变化。

（六）产后发情

母羊分娩后若在繁殖季节内仍可发情称作产后发情。其时间多在产后 30～59 d，平均在 45 d。新疆山羊属于季节性发情的品种，但如果饲料营养水平较高，也可以实现一年两产。

第二节　新疆山羊配种方法

一、选种依据

主要通过羊个体本身信息对种羊进行的选择，如产绒量高、细度好、密度大、体格大等，这些基本信息仅是选好种羊的初步条件，对种公羊来说最重要的是看种公羊能否将这些优良性状传给下一代，能不能一代强过一代。

俗话说："公羊好，好一坡；母羊好，好一窝"。因此，在实际选种公羊过程中还应将系谱、半同胞和后裔资料 3 个方面的信息作为依据。建议还是依托各地育种机构或科研单位进行选种方法的选择。

二、种羊选种方法

（1）选择产绒量高的个体，因为产绒量越高，养殖效益越明显。

（2）新疆山羊是绒肉兼用品种，体重是一个经济效益较高的参数。经研究，体重与胸围呈正相关，而胸围也与产绒量呈正相关，在相同条件下，胸围越大，产绒量就越高；所以在育种过程中，需要特别关注胸围的指标。

（3）由于细度和长度是衡量选择种羊最重要的指标，因此必须考虑绒细度、绒长度在 3.6 cm 以上的个体。

（4）选择绒纤维密度大的个体。绒纤维密度越大产绒量也越高，绒密度越大，毛丛的密闭性就越好，这样可以阻止沙土、草屑等杂质进入，可以提高净绒率。

（5）选种羊要检查其是否有繁殖疾病，有条件的可通过精液品质检测来最终决定种羊是否留种。

（6）一群公母羊都比较优秀，需要补充生产母羊，建议从其他不是一个公羊配的群选入，这样可以防止近亲交配造成生产性能和生命活力下降。

三、选购注意事项

（1）了解该羊场是否有畜牧部门签发的《种畜禽生产许可证》《种羊合格证》，系谱、耳号登记资料等是否齐全。

（2）挑选时看其外貌特征是否符合品种标准，并观察群体外型是否整齐（群体外型整齐表明遗传性稳定）。公羊要选择 1～2 岁的，手摸睾丸，富有弹性。不购买隐睾羊，手摸有痛感的羊多患有睾丸炎；膘情不要过肥或过瘦，以中、上等为宜。母羊多选择周岁左右的，这些羊多半正处在配种期，母羊要强壮，乳头大而均匀。视群体大小确定公羊数，一般比例要求 1∶（15～20），群体小，可适当增加公羊数，以防近交。

（3）确保种羊无疫情隐患，选购种羊前，要调查当地疫病流行与疫苗接种和驱虫等情况。不在疫区购买种羊，所购种羊必须经过当地动物检疫部门检查合格后方可购运。到达目的地后，对购入种羊要隔离观察一定时间，确定无疾病后，再重新组群饲养。

四、配种

新疆山羊的配种方法有 3 种，即自然交配、人工授精和胚胎移植。

（一）自然交配

自然交配是养羊业中最原始的配种方法，这种方法是在新疆山羊的繁殖季节，将公母羊混群放牧，让其自由交配。用这种方法配种时，节省人力，不需要任何设备，如果公母羊比例适当〔一般是 1∶（30～50）〕，受胎率也是很高的。目前，采用最多的自然交配方法是分群定时交配，就是平时将公母羊分群管理，在母羊每晚放牧回圈后，把公羊放入母羊群中进行配种，早上放牧时，再将公母羊分开。这种方法可使公羊休息良好，保证母羊较高的受胎率。

使用自然交配方法配种也有很多缺点：

① 由于公母羊混群放牧，公羊在一天中追逐母羊交配，影响羊群采食，而且公羊的精力消耗也大。

② 无法确定后代的血缘关系。

③ 不能进行有效的选种选配，目的性不强。

④ 不清楚母羊确切的配种时间，无法推测母羊的预产期。

⑤ 产羔时期过长，所产羔羊年龄大小不一，给管理上造成困难。

（二）人工授精

新疆山羊的人工授精是指通过人的操作，将公羊精液输入母羊生殖道内，使母羊受孕以繁殖后代。这种方法是现代畜牧科学技术的重大成就，是目前养羊业中常用的技术。新疆大部分牧区由于冬季草场条件较差、冬季温度较低，均采用产春羔的配种计划，即每年 10—11 月配种，翌年 3—4 月产羔。

与自然交配相比，人工授精有以下优点：

① 可以提高优良公羊利用效率　自然交配，公羊射 1 次精只能交配 1 只母羊，而采用人工授精方法，将精液稀释，公羊的一次射精量，可供几只或几十只母羊授精。因此，应用人工授精方法，不但可以增加公羊配母羊的数量，而且还可充分发挥优良公羊的作用，迅速提高羊群质量。

② 可以提高母羊的受胎率　采用人工授精的方法，增加了精子和卵子结合的机会，并且由于精液品质经过检查，避免了因精液品质不良造成的空怀。因此，采用人工授精可以提高受胎率。

③ 可以节省购买和饲养大量种公羊的费用　例如，有母羊 3 000 只，如果采用自然交配方法，至少需要购买种公羊 80～100 只，如果采用人工授精方法，只需要购买 10 只左右就行了，这样就节省了大量购买种羊和饲养管理费用。

④ 可以减少疾病的传染　在自然交配过程中，由于公母羊的身体和生殖

器官相互接触，就有可能把某些传染病和生殖器官疾病传播开来。而采用人工授精方法，公母羊不直接接触，器械经严格消毒，就可大大减少疾病传播机会。

⑤ 可以进一步发挥种公羊的优势　由于现代科技的发展，公羊的精液可以长期保存和远距离运输，就可以进一步发挥优秀种公羊的作用，授精时不用购置种公羊，只需购买优秀种公羊的冷冻精液，就可实现人工繁育。这对进一步发挥优秀种公羊的作用，迅速改变养羊业的低产局面有重要的作用。

（三）新疆山羊人工授精的组织和技术

1. 繁殖基本常识

（1）种公羊1岁半可以配种，1 d采精不要超过2次，一般2岁以上再开始大量使用。

（2）母羊适宜配种时间为10～18月龄。

（3）一般母羊养到6～8岁淘汰，公羊养到6～7岁淘汰，根据羊的个体情况定。

（4）新疆山羊母羊发情持续期为34～40 h。

（5）新疆山羊母羊排卵时间为发情开始后34.5 h左右。

（6）新疆山羊母羊发情周期平均为21 d。

新疆山羊发情、输精时间见表5-1。

表5-1　新疆山羊发情、输精时间（h）

时间	发情前期	发情期					发情后期			排卵和受精
持续时间	6～10	12～22（平均18）								
发情后的阶段时间	0　　4　　8	12	16	20	24	28	32	36	40	
输精时间	太早	适期				适期			太迟	
最适期										

2. 授精站选择和房舍设备

（1）新疆山羊人工授精站应选择在母羊分布密度大，水草条件好，有足够的放牧的地方，交通方便，无传染病，地势平坦，背风向阳、排水良好的地方。

（2）人工授精站需要有一定数量和一定规格的基础设施。房屋主要是采精

33

室、验精室、输精室。羊舍主要有种公羊舍、试情公羊舍、待配种圈舍、已配种圈舍和试情圈舍等。

（3）采精室、验精室和输精室要求光照充足，地面坚实，便于清扫、消毒，最好三室相连，方便工作。室温要求保持在 18～25 ℃。面积：采精室为 12～20 m²，验精室为 8～12 m²，输精室为 20～30 m²。

（4）种公羊舍要求地面干燥，光照适中，有足够的草料和饲槽，有结实的门栏。

总之，涉及的建筑要有利于操作，还要考虑到建设成本，也要因地制宜，力求科学、经济和实用。

3. 器械和药品的准备　包括采精架、假阴道、试情布、集精杯、显微镜、输精器、开膣器、纱布、脱脂棉、消毒器械、消毒用和配置稀释液用的药品试剂等的准备。

4. 种公羊的准备　配种开始前 1～1.5 个月，应对参加配种的种公羊的精液品质进行检查。其目的有两个：一是掌握种公羊精液品质情况，如发现问题，可及早采取措施，以确保配种工作顺利进行；另一目的是排出种公羊生殖器中长期积存下来的衰老、死亡和解体的精子，促进种公羊的性功能，产生新精子。因此，在配种开始以前，每只种公羊至少要采精 15～20 次，开始时每天可采精 1 次，在后期每隔 1 d 采精 1 次，对每次采得的精液都应进行品质检查。品质正常且稳定就可以开始使用。

对初次参加配种的种公羊，在配种前 1 个月左右，应有计划地进行调教。调教办法：让初配种公羊观看几次成年种公羊配种或采精的过程，然后引导初配种公羊在采精室与发情母羊本交几次，把发情母羊的阴道分泌物抹在种公羊鼻尖上，以刺激其性欲；注射丙酮睾丸素，每次 1 mL，隔 1 d 1 次；每天用温水把阴囊洗干净，擦干，然后用手由下而上轻轻按摩睾丸，早、晚各 1 次，每次 10 min；别的种公羊采精时，让被调教种公羊在旁边观看；同时加强饲养管理，增加运动里程和运动强度等。

试情公羊的准备。由于母羊发情征候不明显，发情持续期短，漏过 1 次就会耽误配种时间至少半个多月。因此，在人工授精工作中必须用试情公羊每天从大群待配母羊中找出发情母羊，适时进行配种。所以，不能低估试情公羊的作用。试情公羊必须体质结实，健康无病，行动灵活，性欲旺盛，生产性能良好，年龄在 2～5 岁。试情种公羊的数量为参加配种母羊数量的 2%～4%。

5. 母羊群的准备　凡确定参加人工授精的母羊，要单独组群，认真管理，防止公羊、母羊混群，防止偷配。在配种开始前 5～7 d，应进入授精站范围内的待配母羊舍（圈）；在配种前和配种期，要加强饲养管理，使羊只吃饱喝足休息好，做到满膘配种。

6. 人工授精前种母羊和种公羊的饲养管理　对整群后的母羊群，除了加强放牧管理以外，建议每天补饲玉米豆粕等精饲料 200 g，青干草 0.5 kg，用以提高母羊营养状况，利于配种。

种公羊必须由专人负责，进行科学饲养管理。一般分为配种前一个月的预备期和配种两个部分。在预备补饲期间，保证补充盐分，建议在圈舍内悬挂营养舔砖，以补充盐、维生素、微量元素、钙、磷。预备期的饲料配方为：玉米 200 g、饼粕 100 g、麸皮 100 g、胡萝卜 200 g、鸡蛋 1 个、优质苜蓿 1 kg。饲料的称量可采用固定的容器（缸或盆），称量一次后做标记成为"标准量化容器"，如一缸精饲料刚好为 200 g，10 只羊需要 10 个缸。

7. 试情

（1）试情公羊必须选择 2～5 岁身体健壮、性欲旺盛的种公羊。

（2）试情时间越早越好，因为发情季节开始时，由于母羊发情气味的影响，种公羊在母羊放牧回圈后兴奋度增加，整晚基本不休息，如果试情时间太晚，到试情的时候公羊出现体力不支，不好好试情的问题，试情最好在天大亮之前完成。

（3）为了防止试情公羊偷配，试情时应在试情公羊腹下系上试情布。试情布一般长 40 cm、宽 35 cm，四角系上带子，在试情时拴在腹下。试情布要捆结实，防止阴茎脱出造成偷配事故。也可以将试情公羊用手术方法结扎输精管或阴茎移位后使用。

（4）将试情公羊放入羊群，让试情公羊找出愿意接受爬跨或者是主动让公羊爬跨的母羊，将母羊选出来。

（5）试情工作与配种成绩关系非常密切，在某种程度上甚至成为羊人工授精工作成败的关键。因此，在试情工作中要力求做到认真负责，仔细观察，随时注意试情公羊的动向，及时分出发情母羊，随时驱散成堆的羊群，为试情公羊接触母羊创造条件。试情过程中要始终保持安静，禁止无故惊扰羊群。为了把发情母羊全部找出来，每天的试情时间，7—9 月配种的应不少于 1.5 h，10—12 月配种的应不少于 1 h。

8. 采精

（1）器械消毒　凡是人工授精使用的器械，都必须经过严格消毒。消毒前应将器械洗净擦干，然后按器械的性质、种类分别包装。消毒时，除不易放入或不能放入高压消毒锅（或蒸笼）的金属器械、玻璃输精器及胶质内胎以外，一般都应尽量采用蒸汽消毒，其他采用乙醇或火焰消毒。蒸汽消毒时，器材应按使用的先后顺序放入消毒锅，以免使用时在锅内乱翻，耽误时间。凡士林、生理盐水、棉球用前均需消毒。消毒好的器材、药液要防止污染并注意保温。

（2）假阴道的准备

① 内胎安装。安装好的假阴道，充气后形成的内胎口需与母羊阴道相似。

② 恒温热水的准备。保证水温在 42～45 ℃。

③ 灌水量。占内胎和外壳空间的 1/2～2/3，水温以保证内胎腔内温度在 39～42 ℃ 为准。可采用对假阴道换水一次预热的方法，保证内胎的温度。

④ 将集精杯安装到假阴道一端。

⑤ 然后对采精端，用清洁的玻璃棒蘸少许灭菌的凡士林均匀地涂抹在内胎的前 1/3 区域，进行润滑。

⑥ 经气门活塞吹入气体，准备采精。

（3）采精方法和步骤

① 准备台羊，挑选发情比较好、身体结实的母羊作为采精用的台羊。将台羊的颈部夹在采精架上，使其保持直立状态。

② 将台羊外阴部用 2‰ 来苏儿溶液消毒，并擦干。

③ 将种公羊腹下污物清理干净。

④ 采精人员蹲在母羊右后方，右手握假阴道，贴在母羊尾部，入口斜向下朝向地面。

⑤ 当种公羊爬跨时，用左手轻托阴茎将阴茎导入假阴道中，同时使假阴道与阴茎呈一直线。当种公羊用力向前一冲时即为射精。

⑥ 当种公羊从台羊身上跳下时采精员应使假阴道继续贴在种公羊腹部，不要急于取下，待种公羊稳定后方可将阴茎从假阴道中退出。将集精杯竖起，放出气体，取下集精杯，盖上盖子，送到验精室，准备精液检查。

9. 精液品质检查　首先进行肉眼和嗅觉检查，精液一般为乳白色，略带腥味，肉眼可见云雾状运动。然后通过显微镜检查精子的活率、密度及精子形态等。

（1）确定精子的活力　用灭菌玻璃棒蘸取一滴精液滴在载玻片上（载玻片温度为35 ℃），再盖上盖玻片，放到显微镜载物台上观察：全部精子都做直线运动的，活率为1；80％的精子做直线运动的，活率为0.8。

（2）划分精子密度　检测精子密度分为3个等级：密、中、稀。

"密"为视野中精子密集、无空隙，看不清单个精子运动；"中"为视野中精子间距相当于1个精子的长度，可以看清楚单个精子运动；"稀"为视野中精子数目较少，精子间距较大。

10. 精液稀释　常用的稀释液为生理盐水和灭菌后的牛奶。稀释液温度应控制在37 ℃左右，将稀释液沿集精杯缓缓倒入，然后轻轻摇动以混匀。

一般镜检为"密"时精液方可稀释。稀释比例一般为1∶（3～5），稀释后的精液应保证有效精子数在4 000万～5 000万个。

11. 输精方法

输精人员剪短、磨光指甲，洗净双手，用75％乙醇消毒后进行一下操作：

（1）母羊保定　牧民背对母羊，用双腿夹住其颈部，一只手抓住羊尾，另一只手做辅助将母羊后腿提起。给羊输精时可以采用徒手抓羊，也可采用授精固定架保定羊。授精固定架：在地面埋两个木桩，木桩间距可视一次输精羊数而定，一般可设为2 m，再在木桩上固定一根圆木（直径约6 cm）；圆木距地面50 cm左右。输精母羊的后肢搭在圆木上，前肢着地。几只母羊可同时搭在圆木上输精。

（2）准备　用生理盐水将开膣器润湿，然后慢慢插入阴道，打开开膣器并轻轻转动，寻找子宫颈口。子宫颈口的位置不一定正对阴道，但其附近黏膜颜色较深，容易找到。

（3）输精　将吸好精液的输精器慢慢插入子宫颈口内0.5～1.5 cm处，采用边缓慢注射，边撤出的手法，将精液注入子宫颈内。注射完后，抽出输精器和开膣器，随即消毒备用。输精量应保持有效精子数在4 000万～5 000万个及以上，即0.1 mL鲜精液。对于只能进行阴道输精的母羊输精量应加倍。

（4）授精后　对器械进行清洗和消毒。清扫验精室、输精室、采精室、试情圈，并且实施消毒。

（5）补配　人工授精结束后第10天，为防止漏配，在母羊群中放入补配公羊，进行补配。

五、胚胎移植

胚胎移植又称受精卵移植，俗称人工授胎或借腹怀胎，是指将母羊的早期胚胎，或者通过体外授精及其他方式得到的胚胎，移植到同种、生理状态相同的其他母羊体内，使之继续发育为新个体的技术。

胚胎移植是迅速增加具有优良遗传性状的品种或个体后代数量的一种经济、迅速的方法。通过胚胎移植，可使具有优秀血统母羊的后代数量迅速增加，缩短世代间隔，增加选择强度，充分发挥优良母羊在育种中的作用。该技术在养羊业中的应用，为充分利用和发挥优秀种羊的种质特性提供了技术手段和方法。

操作顺序为：供体羊选择（品种优良、生产性能好、谱系清楚、2～5岁）、对供体羊使用激素超数排卵、供体羊发情鉴定、人工授精、手术冲卵、胚胎质量鉴定、受体羊选择、受体羊同期发情、受体羊胚胎手术移植、妊娠受体羊的饲养管理。

第三节　新疆山羊接羔与羔羊哺育技术

一、接羔前的准备

（1）产羔工作开始前3～5 d，必须对接羔房、圈舍、运动场、饲草架、饲槽、分娩栏进行彻底清扫和修理，并用3％～5％的氢氧化钠水溶液或10％～20％的石灰乳消毒。接羔房要求通风良好，地面干燥，没有贼风。冬季舍内要铺垫草或干羊粪以保温（如果有条件最好能用电暖气进行人工增温）。

（2）接羔房内可分为大、小两个地方，大的放经产母仔，小的放初产母仔。

（3）准备好接羔用具、药品，如水桶、脸盆、毛巾、剪刀、提灯、秤、记录本、耳标、来苏儿、乙醇、碘酒、高锰酸钾、消毒纱布、脱脂棉等。

（4）产羔母羊群的主管牧工及辅助接羔人员，必须分工明确，责任落实到人。在接羔期间，要求坚守岗位，认真负责地完成任务。对所有参加接羔的工作人员，在接羔前要组织学习有关接羔知识和技术。

二、接产

1. 临产母羊的特征　临产前2～3 d乳头可以挤出奶水，此时母羊进入待产期，应注意观察，当母羊不愿走动、前蹄刨地、时起时卧、不断回头望臀、频繁排尿、阴门肿胀潮红、阴户流出黏液、不断努责和咩叫，常单独呆立或趴卧，此时即将临产。临产时应保证圈舍相对安静。

2. 正常接产　母羊产羔时，最好自行产出。接产人员的主要任务是监视分娩情况和护理出生羔羊。

（1）首先剪净临产母羊乳房周围和后肢内侧的羊毛，挤出几滴初乳。

（2）一般情况下，经产母羊比初产母羊产羔快，羊水流出数分钟至 30 min 左右，羔羊便能顺利产出。生产时，一般是两前肢先产出，头部附于两前肢之上，随着母羊的努责，待羔羊头部露出后即可顺利产出。产双羔时，间隔 10～20 min，个别间隔较长。当母羊产出第 1 只羔羊后，仍有努责，则是产双羔的征候，应认真检查。

（3）羔羊出生后，先将羔羊口、鼻和耳内黏液擦干净（以免引起窒息或因误吞而引发异物性肺炎），放在母羊身边，引导母羊舔干。这样既可促进羔羊站起来并尽早适应环境，也有助于母羊认羔，如果母羊不舔（多发生于初产母羊），可在羔羊身上撒些麸皮诱导。

（4）羔羊出生后，一般都自己扯断脐带，这时可用 5% 碘酊在扯断处消毒。如羔羊自己不能扯断脐带，则接产人员先把脐带内的血向羔羊脐部顺捋几次，在离羔羊腹部 4～5 cm 的适当部位人工剪断，并做消毒处理。

（5）母羊产羔后 1 h 左右，胎盘就会自然排出，应及时清理胎盘，防止母羊吞食。如果产后 2～3 h，母羊胎衣仍没有排出，则应请专业兽医人员及时采取措施。

3. 助产　难产多由初产母羊骨盆狭小、阴道过窄、胎儿过大、母羊体弱无力、子宫收缩无力或胎位不正引起，一般需要采取人工助产。

羊水流出后 30 min，羔羊还没产出或仅露蹄和嘴而母羊努责无力，应及时助产。助产人员应将手指甲剪短、磨光，手臂消毒，涂上润滑油，根据难产情况采用相应的处理方法。

（1）对于因胎儿过大造成的难产，助产人员可用手握住胎儿的两前蹄，随着母羊努责节奏，慢慢用力拉出羔羊。

（2）对于胎位不正的，可先将母羊后躯抬高，将胎儿露出的部分推回，手伸入产道摸清胎位，慢慢帮助纠正成顺胎位，然后随母羊有节奏的努责，将胎儿顺势轻轻拉出。切忌用力过猛，或不跟随努责节奏硬拉，避免拉伤。

4. 假死羔羊的处理　羔羊产出后，因羔羊吸入羊水，或分娩时间较长，子宫内缺氧等造成羔羊不呼吸，但心脏仍跳动，称为假死。处理方法：一是提起羔羊两后肢，悬空并不时击其背和胸部；二是让羔羊平卧，用两手有节律地推压胸部两侧，短时假死的羔羊都能复苏。三是用专用的吸嘴，按照使用说明书将其鼻腔内的羊水吸出。

5. 冻僵羔羊的急救　对冻僵的羔羊，应立即将其转移到暖房内，放到38 ℃水中并使水温逐渐升高到40 ℃（露出头部），经过20～30 min的温水浴后，再进行人工呼吸，一般可将其救活。

三、羔羊鉴定编号

羔羊出生后，要及时佩戴耳号，登记母亲和个体耳号、毛色、初生重。有戴耳标法、刺字法、剪耳法、烙角法、植入式电子耳标5种，前两种较常用。

1. 戴耳标法　使用圆形铝质或长方形硬塑质的耳标，先在耳标上打（或写上）编号，再戴在耳朵的适当位置。一般在耳上缘血管较少处打孔、安装。

2. 刺字法　刺字法的编号规则与戴耳标法一样，只是该方法采用墨汁在羊某一侧耳朵（左耳或右耳）内表面用针刺上编号的方式。

3. 剪耳法　在羊的耳朵上缘、尖部、下缘，使用专用剪口钳，按照一定的编码规则，剪出缺口，从而标识羊。各场的剪耳法不完全一样，可以根据各场的规定进行。通常可以参考的方法是：耳尖剪一缺刻代表特级，耳下缘剪一缺刻代表一级，耳下缘剪二缺刻代表二级，耳上缘剪一缺刻代表三级，耳上、下缘各剪一缺刻代表四级。纯种羊在右耳上剪缺刻，杂种羊可在左耳上剪缺刻。实际剪耳时，耳号钳用75%酒精消毒，剪耳时应尽量避开血管，剪耳后用5%碘酊涂擦缺刻。剪缺口时，不能剪得太浅，否则不易识别。

4. 烙角法　新疆山羊大多有角，也有无角的。本方法只能用于有角的新疆山羊，且多用于成年公羊，无角或者小角羔羊不适用。将特制的0～9的10个号码钢字模，灼烧后在公羊的角上烙号。注意烙号时不能太靠近角基或者角尖，也尽量避开羊打斗时的撞击部位。

5. 植入式电子耳标　可以在耳朵皮肤下或者其他合适部位皮下注射植入式电子芯片。

四、出生后护理关键点

主要包括：①及时清理黏液，保证羔羊呼吸通畅，防止吞食羊水；

②及时让母羊舔食羔羊身上的黏液；③及时清理排出的胎衣，防止母羊吞食胎衣。

五、育幼

1. 产后母羊的护理　应注意保暖、防潮、避风、预防感冒，保持安静，多休息。产后前几天应给予质量好、容易消化的饲料，量不宜太多，经 3 d 饲养即可转为正常饲料。

2. 初生羔羊的护理　羔羊出生后，应使羔羊尽快吃上初乳。初乳（羔羊出生 1～5 d 母羊所分泌的乳）中含有的免疫球蛋白可以提高羔羊的抗病力，羔羊吃上营养全面的初乳也有利于胎便排出，并能使羔羊体内产生免疫力。由于新生羔羊一次吸乳量有限，所以每隔 2～3 h 应哺乳 1 次，生双羔的母羊应同时让两羔羊近前吸乳。羔羊出生后的前 2～3 d，最好和母羊一起放在母仔栏内。

3. 人工辅助哺乳及代乳　瘦弱的羔羊、初产母羊，以及保母性差的母羊，需要人工辅助哺乳。先把母羊保定住，将羔羊放到乳房前，将奶头塞入羔羊嘴内，并不断挤出奶汁使羔羊吸吮。这样经过数次辅助后，羔羊便能很快学会吃奶。

开始人工哺乳时，羔羊不习惯从奶盆或从奶瓶中吮吸乳汁，此时应进行哺乳训练。训练用奶盆吮吸的方法是：将温热的乳汁倒入奶盆中，喂奶员一只手的食指弯曲浸入奶盆，另一只手保定羔羊头部，让其吮吸奶盆中沾有乳汁的手指，经过两三次训练后，绝大多数羔羊就能学会吮吸奶盘中的乳汁。喂奶员在训练前应剪指甲，洗干净双手。训练要有耐心，不可把羔羊鼻孔浸入乳汁中，以免乳汁呛入气管。

如因母羊有病或一胎多羔奶水不足时，应找保姆羊代乳或人工代乳料哺乳。常用的代乳料有鲜牛奶、奶粉或专业代乳料。

喂奶时应先将奶瓶消毒，加热消毒后的代乳料需要冷却到 38～42 ℃时才可饮用。

一般产后前 5 d 每天喂 6 次，每次 50 mL；6～10 d 每天喂 4 次，每次 100 mL；以后逐渐减少到每天两三次，每次 250 mL。

补喂代乳品时，都必须现喂现配，做到新鲜清洁。还要做到四定：定温（38～39 ℃）、定量、定时、定质。

在生产实践中，常常会遇到母羊产后无乳、母羊死亡或初产母羊不哺乳等情况，此时可以采取人工哺乳的方法。

六、去势

不留种的小公羔，在1～2月龄去势。去势方法有：

1. 刀阉法　将羔羊保定，用碘酒和酒精棉球消毒阴囊外部，左手扣紧阴囊上方，右手持小刀在阴囊下方切开，挤出睾丸，用止血钳扭断精索，伤口内撒些抗菌药物，伤口外涂上碘酒。或从扣紧的阴囊底部横切，挤出睾丸。

2. 结扎法　用橡皮筋扎紧阴囊基部，断绝血液循环，半个月后阴囊连同睾丸自行萎缩脱落。

3. 去势钳法　用去势钳在阴囊上部用力紧夹，将精索夹断。

去势1～3 d后，应进行检查，如发现有化脓、流血等情况要及时处理，以防进一步感染。

第四节　提高新疆山羊繁殖力技术措施

一、提高新疆山羊冷冻精液配种受胎率的技术措施

（一）适时输精

准确掌握母羊发情规律，做到适时输精。在实际生产中常采取公羊试情和阴道检查相结合的方法进行发情鉴定。发情初期，母羊咩叫，食欲减退，喜欢接近试情公羊或爬跨其他母羊。子宫颈外口微开张，呈粉红色，黏液量少，稀薄似水样，此时不能输精。发情盛期，发情母羊接受试情公羊爬跨。子宫颈口开张，呈粉红色，黏液量多，呈胶水样，并逐渐由透明变混浊，此时正适于输精。发情后期，母羊表现逐渐安稳，黏液量减少且多呈乳块状，子宫颈口闭合，此时不宜输精。一般在母羊发情后24 h内完成第1次输精，有条件的也可以在第1次输精后间隔8～12 h进行第2次输精，此时子宫颈开张良好，黏液混浊，输精受胎率高。

（二）严格执行技术操作规程

新疆山羊冻精配种工作难度较大，要掌握好工作中各个环节的技术要点，

出现细微差错便会前功尽弃。

1. **清洗和消毒** 每天配种结束后，要将使用过的各种器械先清洗几遍，然后用蒸馏水冲洗 1～2 次，待翌日配种前再进行高温消毒；待配母羊的外阴部要用清水洗去污物，后用 0.1% 的高锰酸钾溶液擦洗消毒，并用医用棉球揩干，防止污物带进阴门，以减少精液污染；输精人员自身要卫生清洁，操作室要清洁并定期消毒灭菌。

2. **等温等渗** 在温度低的季节，凡是接触精液的器械都必须预温，尤其是输精器和开膣器，以防精子质量下降和母羊痉挛。器材也决不能黏附水珠，使用前需用生理盐水或解冻液冲洗一遍，避免引起母羊生殖道感染。

3. **冷冻精液的解冻** 冻精品质的好坏是决定母羊受胎率高低的基础条件。先将适量开水倒入茶缸内，用水温计将水温调节到要求温度（一般颗粒型冷冻精液要求 40～42 ℃，细管型冷冻精液要求 60～62 ℃），用吸管取 0.5 mL 解冻液注入试管后，将试管放入茶缸热水中。若是颗粒型冷冻精液则可直接从液氮罐内取出放入试管内轻轻摇动全融化即可；若是细管型冷冻精液则需用镊子将其从液氮罐内迅速夹出，放在试管口处，用剪刀快速剪断，一般剪 4～5 刀，迅速轻摇全融即可。随后用输精管吸出少许进行镜检，合格的以备输精。

冻精配种操作要掌握四快：即精液从液氮罐内快取，向预热好的解冻液中快投，适度摇动促其快融，解冻后快输。这样才能保证解冻后的精子有较高的活率，为提高受胎率打下良好的基础。

4. **熟练掌握输精技术** 首先保定好母羊（可用一根长 1 m 左右的木棒伸入母羊腹下，将羊后躯抬起，一人保定头部），用消毒毛巾擦拭阴部，输精者将开膣器插入阴道，找到子宫颈外口，插入输精枪输精。一般一个情期输精 2 次，输精深度为 0.5～1 cm，输精量每只每次 0.2 mL。此外，要根据母羊体型大小使用相应型号的开膣器，整个输精过程动作要轻缓，切忌粗暴，以防止造成阴道内膜损伤出血，影响今后的受胎率。值得注意的是，新疆山羊羊群中有个别母羊的子宫颈外口有一瓣膜，输精前可用输精器别一下，才能通过子宫颈口向子宫内输精；否则很难受胎。

（三）加强饲养管理，提高受胎率

营养水平对母羊性机能活动有很大影响。短期优饲，增加排卵数，满膘配种是提高受胎率的关键。母羊在配种时膘满体壮，体重达最佳状态，可使母羊性腺活动旺盛，增加排卵数，且发情集中、整齐，容易配种受胎。因此，配种前要注意母羊的营养供给。

(四) 记录与复查

详细做好配种记录，对下一个情期返回复配的母羊，要查明原因，及时补配。对患有子宫疾病或瘦弱母羊要及时治疗或采取相应增膘措施增膘。

二、提高繁殖力的有效方法

(一) 保持羊群正常的年龄结构

新疆山羊母羔 6 月龄左右就有排出正常卵子的能力，12 月龄时就可以受配繁殖后代，以后其繁殖能力逐年上升，到 5～8 岁时达到顶峰，以后逐年下降。因此，应选留好适龄母羊并保持相当的数量。壮龄母羊最好保持在 60%～70%，对提高群体的产羔量和繁殖力具有重要作用。

(二) 用好高繁殖力羊的遗传优势

母羊产双羔率高，其后代的双羔率也高。因此，利用好这一遗传优势，可提高后代的繁殖力。具体选配工作，可选择以优配优，或选择产羔率较高的公羊和产羔率较低的母羊群体配种，就会提高该群体的产羔率。

(三) 提高种羊的营养水平

对配种公羊来说，充足的营养可以提高种公羊的性欲，增强体质，提高精子数量和活力，能满足配种需要。营养水平低，种公羊体质差，会影响性欲，其精子质量也差，后代成活率也较低。

对种母羊来说，短期优饲可刺激种母羊多排卵，提高种母羊的产羔率。配种母羊体重增加，其繁殖成活率也随之提高。因此，配种前实行短期优饲，以迅速提高母羊配种前的体重，达到良好膘度配种是非常重要的。据实验证明，膘情好的繁殖成活率可提高 1.5%～20%。1 岁、2 岁、3 岁以上的母羊在配种前体重分别保持在 25～32 kg、30～36 kg、33～44 kg，繁殖成活率将会有大幅度提高。

（四）缩短母羊的产羔间隔

具体措施有，早配，一年两产，两年三产。在实际生产中，要看具体情况来实施，比较好的方法是实行隔年一产，翌年一年两产制。选育个体健壮、繁殖性能好的母羊，实行第 1 年产 2 次羔，第 2 年产 1 次羔，第 3 年产 2 次羔。产 2 次羔的年份要特别注意母羊的营养状况，加强饲养管理；否则会造成母羊生殖系统紊乱，繁殖力降低。

（五）合适的光照和温度

新疆山羊属短日照发情动物，秋分后日照开始变短时母羊发情，光照既影响绒毛生长，也影响繁殖力。春季光照时间逐渐变长，母羊发情受到抑制，发情母羊较少。秋季光照逐渐缩短，母羊表现群体发情，其受胎率、产羔率明显高于春季。种公羊也有明显的季节性差异，春季公羊的性欲、精子活力、完整精子率明显低于秋季同一种公羊在同等营养水平下的状态。在生产实践中，秋羔的成活率、病死率比春羔高的原因与此相关。要发挥繁殖潜力，了解和利用季节性特性，才能得到满意的结果。

温度高于 37 ℃时，会造成精子、卵子死亡，缩短其生存时间；过低的温度则可造成妊娠母羊流产，死胎增多。因此，配种期要尽量避免温度过高或过低，妊娠母羊在夏季要做好防暑工作，以利于保胎。

（六）加强饲养管理、防止母羊不孕和流产

造成母羊不孕的主要原因有生殖器官疾病、内分泌紊乱、种公羊精子质量不佳、某些疫病（如布鲁氏菌病）等。

流产的原因主要有气温太低、环境条件恶劣、近亲繁殖、营养不良、母体瘦弱、某些疾病、药物作用和饲料发霉等。此外，饲养水平低、管理差也是繁殖力低的原因之一。为此，应加强饲养管理，提高种羊体质，防止种羊生病，以保持正常繁殖力。

第六章
新疆山羊常用饲料、配方设计及饲料品质检测

第一节　新疆山羊常用饲料

一、饲料种类

新疆山羊的饲料主要可分为青绿饲料、粗饲料和精饲料。青绿饲料种类很多，包括各种杂草、能被利用的灌木树枝、各种果树和乔木树叶、青绿牧草等。粗饲料包括各种青干草、树叶、作物秸秆等，其特点是容积大、水分含量低、粗纤维含量高、可消化营养物质含量低等。精饲料包括能量饲料（玉米、小麦、麸皮等），蛋白质饲料（豆粕、棉粕、葵粕、菜籽粕等）、矿物质添加剂和维生素添加剂。

（一）青绿饲料

青绿饲料（也称青饲料），指天然水分含量≥60%的，新疆山羊常采食的青绿饲料主要有鲜栽培牧草、菜叶类、嫩枝树叶等。合理利用青绿饲料，可以节省成本，提高养殖效益。新疆青绿饲料多以放牧利用为主，少数有刈割后饲喂利用的。

青贮调制技术是使青绿饲料得以长期保存，全年均衡利用青绿饲料的有效手段。青贮饲料一般能保持青绿饲料75%以上的营养价值。目前，新疆采用青贮调制技术常年保存青绿饲料的方法有全株玉米青贮、玉米秸秆青贮、苜蓿青贮和牧草青贮等。这些青贮饲料均可以用作新疆山羊的饲料。

（二）粗饲料

新疆山羊常采食的粗饲料主要包括秸秆类，青干草，块根、块茎类。

1. 秸秆类饲料　主要是粮食作物收获后获得的副产品，数量大，种类多，资源丰富。这类饲料包括玉米秸、谷草、麦秸、豆秸、花生秧、红薯藤等。秸秆饲料的特点是蛋白质含量低（3%～6%）、纤维素含量高（31%～45%）、矿物质和维生素缺乏、容积大、适口性差、消化率低等。但是秸秆经过机械揉丝粉碎、氨化、微贮等预处理后，可提高其适口性和营养价值。

（1）玉米秸秆　玉米秸秆是新疆农区常见的秸秆类饲料。风干的玉米秸秆粗蛋白质含量为 5.9%，粗脂肪含量为 0.9%，粗纤维含量为 24.9%，无氮浸出物含量为 50.2%，粗灰分含量为 8.1%。玉米秸秆饲喂前应铡短或揉丝粉碎，同时要注意防止霉变。其在日粮中的添加比例可达 30%～60%。

（2）小麦秸秆　小麦秸秆也是新疆农区常见的秸秆类饲料。风干的小麦秸秆粗蛋白质含量为 4%，粗脂肪含量为 1.2%，粗纤维含量为 40.9%，无氮浸出物含量为 41.5%，粗灰分含量为 5.2%。其蛋白质含量低，粗纤维含量高，木质化程度高，适口性差，消化率低，生产中要粉碎利用。其在日粮中的添加比例为 20%～40%。

（3）稻草　稻草是新疆南疆地区较为普遍的秸秆类饲料。稻草的营养价值略低于小麦秸秆，风干的稻草粗蛋白质含量为 3.8%，粗脂肪含量为 1.1%，粗纤维含量为 82.7%，无氮浸出物含量为 40.1%，粗灰分含量为 16.3%。与小麦秸秆相比，稻草较柔软，但利用前也要进行粉碎，以提高利用效率。其在日粮中的添加比例为 20%～40%。

秸秆饲料除上述几种外，还有棉花秸秆、向日葵花盘等。

2. 青干草　青干草营养价值的高低有很大差异，这主要取决于植物的种类、生长阶段与调制技术。在粗饲料中，青干草是枯草季节新疆山羊的优质饲料。青干草主要是指晒干后带有青绿色的牧草、杂草、作物茎叶等。青干草与其他粗饲料相比，其营养物质的含量比较平衡，尤其是豆科青干草中的蛋白质、各种氨基酸比较完善，矿物质和维生素含量较高。青干草质量的优劣主要与牧草收割时期有关，豆科牧草以孕蕾到开花初期时割晒最佳；禾本科牧草则以抽穗扬花期最好。此外，在晒制过程中天气变化也影响青干草的质量，如雨淋或晒制时间过长。优质的青干草应具有浓绿色、气味芳香、无霉烂、杂质少、叶片多等特点。

3. 块根、块茎类 块根、块茎类饲料也称多汁饲料，主要包括胡萝卜、白萝卜、甘薯、马铃薯、木薯、饲用甜菜、芜菁甘蓝等。其特点是水分含量少，多为 $75\%\sim90\%$。单位重量新鲜饲料所含的营养物质低，粗蛋白质仅为 $1\%\sim2\%$，且一半为非蛋白质含氮物质。干物质中粗纤维含量低，为 $2\%\sim4\%$，粗蛋白质含量为 $7\%\sim15\%$，无氮浸出物高达 $67\%\sim88\%$，且为易消化的淀粉或戊聚糖，可利用能较高。矿物质中钾、氯含量高，但钙、磷含量较少。胡萝卜素含量丰富。有机物质消化率高，为 $85\%\sim90\%$。

除以上几种外，新疆山羊粗饲料还有干草类、秕壳类（壳、荚）、藤蔓类（秧、藤）、树叶类和糟渣类（酒糟、果渣等）。

（三）精饲料

1. 能量饲料

（1）谷物籽实类 谷物籽实类饲料含有大量碳水化合物（淀粉含量多）。粗纤维含量少，适口性好，无氮浸出物占干物质的 $70\%\sim80\%$，主要为淀粉；粗蛋白质含量一般为 $8\%\sim12\%$，粗脂肪含量为 $2\%\sim4\%$。矿物质中钙少磷多，维生素因种类而不同。饲用能值高、适口性好。

① 玉米 玉米是新疆山羊的主要能量饲料。特点是无氮浸出物含量高，其中主要是淀粉，能量高，粗纤维含量低，一般在 2% 左右。粗脂肪含量是小麦、大麦的 2 倍，其中主要是油酸和亚油酸等不饱和脂肪酸。粗蛋白质含量为 $7.2\%\sim8.9\%$，其氨基酸组成中，赖氨酸、蛋氨酸较少，蛋白质生物学价值较低。胡萝卜素较丰富，维生素 E 含量较高，维生素 D、维生素 B_2、泛酸、烟酸等较少。矿物元素含量低，一般低于 1.5%，其中钙约为 0.01%，总磷为 $0.2\%\sim0.3\%$。玉米容重大，整粒容重为 $600\sim700$ g/L，粉状为 $520\sim620$ g/L。饲喂前破碎利用，消化率更高。

② 小麦 小麦的粗纤维含量和能值低于玉米，仅次于糙米和高粱，略高于大麦和燕麦。蛋白质含量较高，一般为 $12.1\%\sim14\%$。氨基酸组成中苏氨酸和赖氨酸不足。矿物微量元素中锰、锌含量较高，但钙、铜、硒等元素较低。

（2）糠麸类饲料 糠麸类饲料是山羊能量来源之一。主要包括面粉和碾米加工的副产品，如麸皮、米糠等。特点是粗蛋白质含量较高，为 1.5% 左右，氨基酸中赖氨酸含硫氨基酸较多。B族维生素丰富是其突出特点，尤其是硫胺素、烟酸、吡多酸、胆碱和维生素 E 较多。微量元素中锰、铁、锌较多，钙少磷多。粗脂肪含量高，特别是米糠中高达 10％以上，易酸败变质，不利于储藏。由于糠麸类饲料中粗纤维和硫酸盐类物质较多，所以结构疏松、容积大、吸水性强，有一定轻泻作用。

① 麸皮　它是小麦磨面加工制粉后的碎屑片的种皮，并带有粉状物质。麸皮中粗蛋白质含量较高，为 12％～19％，其中赖氨酸含量高达 0.6％，蛋氨酸为 0.1％左右。维生素 E、维生素 B₁、烟酸和胆碱丰富，但维生素 A、维生素 D 极少。矿物质铁、锰、锌元素丰富。粗纤维含量较高，为 8.5％～12％，无氮浸出物含量高于米糠，脂肪含量低于米糠，能量值较低。麸皮具有一定的轻泻作用，有助于胃肠蠕动，保持消化道的健康。麸皮在日粮中可添加到25％～30％。

② 米糠　米糠是糙米加工时分离出的种皮、糊粉层和胚芽 3 个组分的混合体。粗蛋白质含量较高，约为 13％。氨基酸中赖氨酸含量较高，约为0.06％，蛋氨酸含量为 0.25％，为玉米的 10 倍。粗脂肪含量高达 17％，是麸皮的 5～7 倍，可利用能值高。粗纤维含量一般为 9.0％。B族维生素和维生素 E 较丰富，但维生素 A、维生素 D 较少。矿物质中钙、磷极不平衡。钙、磷比为 1∶22，其中磷主要为植酸磷，利用率低。锌、锰等元素较丰富。新鲜米糠适口性好，饲养价值相当于玉米的 90％，但因脂肪含量高，易酸败不易储存。米糠在日粮中可添加 20％～30％，变质禁用。

2. 蛋白质饲料

（1）大豆饼粕　豆饼是大豆经压榨法或夯榨法取油后的副产品，而豆粕则是大豆采用浸提法或预压浸提法取油的副产品。其特点是蛋白质含量高，为40％～47％。氨基酸组成中赖氨酸含量高，最高达 2.9％，居饼类饲料之首，且赖氨酸与精氨酸比例适当。异亮氨酸和亮氨酸含量高，比例合适，但蛋氨酸和胱氨酸含量偏低。豆饼中钙、磷含量远高于其他植物性饲料。钙含量约为0.3％，磷含量约为 0.55％。粗纤维含量低，为 5％～6％，能量较高。B族维生素含量较低。适口性好，用途广泛。豆饼与豆粕相比较，后者蛋白质含量较高，为 43.5％～47.0％，前者为 41％～45％。粗脂肪含量前者为 3.5％～5.5％，后者为 0.3％～1.5％。粗纤维、钙、磷含量两者相似。前者能量较高，但油脂易酸败。生大豆中含有抗营养因子，主要有蛋白酶抑制因子（包括胰蛋白酶抑制因子和胰凝乳蛋白酶抑制因子）和植物凝集素。能被蛋白酶抑制因子影响的酶除胰蛋白酶和胰凝乳蛋白酶外，还包括胃蛋白酶、枯草杆菌蛋白酶和凝血酶等几种蛋白酶。此外，还含有抗原蛋白、糖苷（硫葡萄糖苷、生氰糖苷）、生物碱及单宁等。经高温处理就可破坏这些抗营养因子，使其利用率提高。

（2）菜籽饼粕　菜籽饼粕的蛋白质含量高达 34％～38％。氨基酸较平衡，含硫氨基酸含量高是其突出特点，精氨酸、赖氨酸之间较平衡，但赖氨酸含量低，比大豆低 40％左右。粗纤维含量较高，影响其有效能值。磷高于钙，且大部是植酸磷。微量元素中铁含量较高，其他元素含量较低。菜籽粕与菜籽饼相比较，前者蛋白质含量为 38％，后者为 34.3％，且粗纤维稍高于后者，前者为 12.1％，后者 11.6％。粗脂肪菜籽饼含量为 9.3％，菜籽粕仅为 1.7％。

（3）棉籽饼粕　棉籽饼粕的蛋白质含量为 34％左右，但赖氨酸含量较低，为 1.3％～1.5％，蛋氨酸含量也低，为 0.36％～0.38％，而精氨酸含量高达 3.67％～4.14％，是饼粕类饲料中精氨酸含量较高者。赖氨酸与精氨酸比例为 100∶270 以上，大大超过两者比的理想值，容易使彼此发生颉颃作用。棉籽饼的残油率高于棉籽粕，残油可提高饼粕能量浓度，且是维生素 E 和亚油酸的良好来源，但过高的残油不利于储存。棉籽饼粕中粗纤维的含量取决于脱壳程度，一般高达 13.0％以上。棉籽饼粕的矿物质含量与大豆饼粕相似。

棉籽饼粕因含有棉酚，故利用前需进行脱毒处理。如可采取清水蒸煮法、硫酸亚铁法、碱化法、热处理法和微生物发酵处理法等进行脱毒处理，使棉籽饼粕中的游离棉酚变为结合棉酚。也可直接按日粮中棉源性饲料的 2％～2.5％添加硫酸亚铁，螯合脱毒。

（4）葵花饼粕　葵花饼粕的粗蛋白质含量为 28％～32％，去壳饼粕中高达 41％。氨基酸含量与其蛋白质含量有关，蛋白质含量高者，氨基酸含量就高，但必需氨基酸含量较低，尤其是赖氨酸还不能满足幼畜的生长需要，是饼粕饲料中的低档产品。矿物质含量与其他饼粕相似。

除以上饼粕类蛋白质饲料外，还有胡麻籽饼、亚麻籽饼等，均可作为蛋白质饲料。

3. 矿物质饲料　矿物质饲料是指用来补充饲料中矿物质的饲料。一般豆料和禾本科牧草钙多于磷，籽实类及其加工副产品磷多钙少，块根、块茎类饲料钙、磷含量都少。山羊在放牧情况下，采食的牧草种类多，各种矿物元素可相互补充。舍饲后饲草料较单一，往往出现矿物元素缺乏问题，故需从日粮中给予补充。在山羊生产中，一定要注意添加矿物质预混料，以保证羊只健康。

4. 维生素饲料　维生素饲料指的是工业合成的各种维生素制剂，而不包括富含维生素的各种天然饲料。维生素制剂包括脂溶性维生素制剂和水溶性维生素制剂两部分。

（1）脂溶性维生素制剂　脂溶性维生素制剂主要有维生素 E 粉、维生素 K 粉、维生素 AD 粉等。羔羊生长期、母羊妊娠期的日粮中常需要添加维生素 AD 粉和维生素 E 粉；家畜患出血性疾病时，日粮中需要添加维生素 K_3 粉。草食家畜日粮中主要是满足维生素 A、维生素 D、维生素 E 的需要。维生素 E 广泛存在于青绿饲料中和谷实饲料中，只要注意供给就不至于缺乏。维生素 A 仅存在于动物性饲料中，羊等草食动物主要将植物性饲料中的胡萝卜素转化为维生素 A，只要青绿、多汁饲料供应充足即可满足需要。维生素 D 在鱼肝油和动物肝中含量丰富，植物中含量很低。但是，经阳光晒制的青干草可作为维生素 D 的来源，供应充足时一般不再考虑添加其制剂。

（2）水溶性维生素制剂　水溶性维生素制剂主要有复合维生素 B 粉、维生素 C 粉、维生素 B_1 粉、氯化胆碱等。草食家畜一般不会缺乏。

二、饲料加工与贮藏

（一）青干草的调制与贮藏

1. 青干草的调制　禾本科牧草调制青干草较为容易，适时刈割后，通常采取田间晾晒的方法。为了加快干燥速度，也可就地取材，制作简易的草架调制青干草。

豆科牧草干燥后，叶片易碎易脱落，当干草水分含量降到 30%～40% 时，应及时集堆、打捆阴干，有条件时，最好在草棚内风干。打捆干草堆垛时，必须留有通风道以便加快干燥。

2. 青干草的贮藏　干燥适度的青干草，应及时贮藏；否则会降低青干草的饲用价值。露天堆垛应尽量压紧，加大密度，顶部要覆盖防雨材料。有条件的牧户应建贮草棚，采取草棚堆藏的方法，棚顶与存放的青干草应保持一定距离，以便通风散热。

（二）饲草调制加工技术

1. 青贮　利用青绿饲料最适于乳酸菌繁殖而使饲料厌氧发酵得以长期保存，其含水量为 65%～75%。豆科牧草的含水量以 60%～70% 为最好。质地粗硬的原料含水量可高达 78%～82%，而幼嫩、多汁、柔软的原料含水量应低些，以 60% 为宜。青贮的种类很多，有地下式或半地下式青贮窖和袋装式，有圆形和方形青贮窖。不论哪种青贮方式都应尽量靠近畜群点，结实、坚固，不透气、不漏水、不导热，四壁坚实平滑，不留死角。制作青贮饲料的原料首先要切碎，一般切成 2～3 cm 的小段，切碎的原料应及时分层装填到窖内，压紧、压实。装填持续时间不应过长，窖容量不大的最好当天完成，一般 2～5 d 要装完。原料装填完后，应立即密封，以防透气漏气。

2. 氨化　由于氨能破坏秸秆中的木质素和纤维素之间的牢固程度，所以可以提高秸秆的消化率。同时，氨中所含有的氮还可提高饲料中粗蛋白质含量。经氨化处理的秸秆或其他粗饲料，能使含氮量增加 0.8%～1%，使粗蛋白含量增加 5%～6%。麦秸、稻草、玉米秸秆经氨化处理后喂羊可提高消化率 30% 左右。

调制方法：把秸秆切成 2～4 cm 长的小段，每 100 kg 原料需 5～6 kg 尿素。将尿素溶于 25～30 kg 水中，均匀地喷洒在切碎的原料上，秸秆与喷洒的尿素水溶液要充分混合均匀，拌好后可装入塑料袋、大缸或水泥池内，然后用塑料薄膜下铺上盖，四周密封，关键是要封严不漏气，一般 3～4 周，气温较高时 2 周左右，就可打开喂反刍牲畜，在以尿素为氨源时，秸秆的含水量应控制在 40%～50%，尿素的用量应为秸秆的 3%～5%。喂氨化秸秆时，应先晾 2～3 d，待氨味挥发掉后再喂牲畜。饲用氨化饲料的牲畜不能立即饮水，要间隔 0.5～1 h。

经处理的秸秆，春、秋季需密封 15～20 d，夏季需密封 7～10 d，冬季需密封 45～50 d 才能开封，开封后应放置 1～2 d，使多余的氨挥发掉，方可饲喂。氨化质量较好的饲料呈棕褐色，有煳香味。每次取用氨化秸秆后要将塑料薄膜盖好。氨化饲料一般没有副作用，但应在喂前充分通风和混合均匀，万一发生中毒，每只羊可灌服食醋 0.5～1.5 L 以解毒。

3. 微贮　将秸秆发酵活性菌加入作物秸秆中，放入密封的容器经发酵贮存，称为饲料微贮技术。其原理及方法与青贮和氨化基本相同。微贮原料广泛，玉米秸、稻草、甘薯蔓、各种麦秸、树叶、牧草、野草等，无论鲜、干均可用作原料微贮，不受季节限制，只要达到 10～40℃ 发酵温度即可制作。饲料微贮有窖贮法、池贮法、袋贮法和方草捆贮法等多种方法，应根据实际条件和饲料的微贮数量酌情选用。

调制方法：将秸秆铡成不超过 3 cm 长的小段。将切好后的秸秆先在容器底部均匀地铺 20～30 cm 厚，铺好后均匀喷洒秸秆发酵活性菌菌液水，压实后再铺放 20～30 cm 厚的秸秆，再喷菌液水。在喷洒菌液水的过程中，要随时检查含水量是否合适和均匀。检查的方法是，抓取秸秆，用力握拳，若有水滴顺指缝下滴为合适。若顺指缝往下流水或不滴水，就应适当调整用水量。这样每铺 20～30 cm 秸秆，喷洒一次菌液水，直到离容器口 40 cm 时为止。秸秆经充分压实后，在最上一层均匀地洒上食盐粉，装填、压实、密封。盖上塑料薄膜，再在上面铺 20～30 cm 厚的秸秆，秸秆上盖 15～20 cm 厚的湿土，四周一定要压实，且不能漏气。

微贮饲料一般经过 21～30 d 的作用后即可开封取用。取料先从一角开始，从上向下逐段取用。要随取随用，取料后应立即把口封严。优质的微贮饲料玉米秸秆呈橄榄绿，稻麦秸秆呈金黄色，手感松散，柔软湿润，有醇香和果香味，并略带酸味。如秸秆变成褐色或墨绿色，则说明质量较差；如有腐臭、发霉味，则不能饲用。应注意原料水分含量要控制在 60%～70%。不可太干，也不可太湿。

第二节　新疆山羊饲料配方设计及日粮配制

一、日粮配合原则

日粮配合就是指将干草、青贮饲料、青绿饲料、糟渣类饲料、各种精饲料原料以及矿物质、维生素和饲料添加剂预混合饲料按照科学的原则，配置成营养平衡的配合饲料。日粮配合必须遵循：①参考新疆山羊的饲养标准和常用饲料营养价值表，在有条件的情况下，最好能够实测各种饲料原料的主要养分含量；②日粮组成尽量多样化；③追求粗饲料比例最大化；④充分利用本地的饲料资源，以降低饲养成本，提高生产经营效益。

二、日粮配合方法

日粮配合方法分为手工计算法和计算机法。计算机法包括 Excel 法、线性

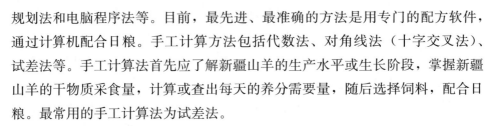

规划法和电脑程序法等。目前，最先进、最准确的方法是用专门的配方软件，通过计算机配合日粮。手工计算方法包括代数法、对角线法（十字交叉法）、试差法等。手工计算法首先应了解新疆山羊的生产水平或生长阶段，掌握新疆山羊的干物质采食量，计算或查出每天的养分需要量，随后选择饲料，配合日粮。最常用的手工计算法为试差法。

三、日粮配合范例

以配制体重 25 kg，日增重 100 g 的新疆山羊的日粮配方为例，手工计算新疆山羊日粮配制的步骤如下：

第 1 步：查《肉羊饲养标准》（NY/T 816—2004）的表 9 得表 6-1 数据。

表 6-1　体重 25 kg 日增重 100 g 的育肥期新疆山羊的营养需要量

	干物质采食量（kg/d）	代谢能（MJ/d）	粗蛋白质（g/d）	钙（g/d）	总磷（g/d）
营养需要	0.71	6.87	70	5.2	3.5

第 2 步：查出所用饲料的营养成分含量，得表 6-2。

表 6-2　饲料营养成分

饲料	单价（元/kg）	干物质（%）	粗蛋白质（%）	代谢能（MJ/kg）	钙（%）	总磷（%）
发酵棉花秸秆	0.60	68.27	13.48	4.29	1.23	0.18
万寿菊萃取渣	0.70	86.00	12.00	5.86	0.73	0.17
甘草萃取渣	0.60	32.00	2.10	2.52	0.37	0.03
芦苇	0.80	96.50	5.90	7.78	0.28	0.10
玉米	2.00	87.00	8.10	10.73	0.04	0.30
小麦麸	1.90	88.50	14.40	10.74	0.19	1.01
棉籽粕	2.30	92.70	43.30	11.36	0.30	1.05
植物油	6.50	100.00		20.48		
食盐	0.90	98.00	0.00	0.00	0.00	0.00
碳酸氢钠	1.80	95.00				
预混料	2.00	98.00			16.00	4.50

第3步：确定日粮理想精粗比45：55，那么精饲料的理想合计值为0.32 kg，粗饲料的理想合计值为0.39 kg。

第4步：先调整粗饲料，使实际值尽量接近预定理想值0.39 kg（表6-3）。

表6-3 新疆山羊食入粗饲料可获得的营养物质的量

项目	数量 （kg/d）	干物质采食量 （kg/d）	代谢能 （MJ/d）	粗蛋白质 （g/d）	钙 （g/d）	总磷 （g/d）
发酵棉花秸秆	0.20	0.137	0.858	27	2.46	0.36
万寿菊萃取渣	0.05	0.043	0.293	6	0.37	0.09
甘草萃取渣	0.05	0.016	0.126	1	0.19	0.02
芦苇	0.19	0.183	1.478	11	0.53	0.19
小计		0.379	2.755	45	3.55	0.66
不足		−0.331	−4.115	−25	−1.65	−2.84

第5步：不足营养用精饲料补充（表6-4）。

表6-4 新疆山羊食入精饲料可获得的营养物质的量

项目	数量 （kg/d）	干物质采食量 （kg/d）	代谢能 （MJ/d）	粗蛋白质 （g/d）	钙 （g/d）	总磷 （g/d）
玉米	0.180	0.157	1.931	15	0.07	0.54
小麦麸	0.145	0.128	1.557	21	0.28	1.46
棉籽粕	0.020	0.019	0.227	9	0.06	0.21
植物油	0.010	0.010	0.205	0	0.00	0.00
小计		0.314	3.92	45	0.41	2.21
粗饲料营养		0.379	2.755	45	3.55	0.66
营养合计		0.693	6.675	90	3.96	2.87
不足		−0.017	−0.195	20	−1.24	−0.63

第6步：补充矿物质和其他添加剂。确认钙磷比例为（1～3）：1（表6-5）。

按照上述步骤配出的体重25 kg、日增重100 g的育肥期新疆山羊的日粮结构见表6-5。

表 6-5 体重 25 kg 日增重 100 g 的育肥期新疆山羊的日粮结构配制

项目	进食量 （kg/d）	干物质采食量 （kg/d）	代谢能 （MJ/d）	粗蛋白质 （g/d）	钙 （g/d）	总磷 （g/d）
发酵棉花秸秆	0.20	0.137	0.858	27	2.46	0.36
万寿菊萃取渣	0.05	0.043	0.293	6	0.37	0.09
甘草萃取渣	0.05	0.016	0.126	1	0.19	0.02
芦苇	0.19	0.183	1.478	11	0.53	0.19
玉米	0.180	0.157	1.931	15	0.07	0.54
小麦麸	0.145	0.128	1.557	21	0.28	1.46
棉籽粕	0.020	0.019	0.227	9	0.06	0.21
植物油	0.010	0.010	0.205	0	0.00	0.00
食盐	0.004	0.004	0.000	0	0.00	0.00
碳酸氢钠	0.004	0.004	0.000	0	0.00	0.00
预混料	0.010	0.010	0.000	0	1.60	0.45
合计		0.711	6.675	90	5.56	3.32

第三节 新疆山羊常用饲料品质
（质量）检验检测技术

一、饲料的鉴定方法

1. 感官法

（1）方法 视觉、味觉、嗅觉和触觉综合评价。

（2）特点 简便易行，是评判第一关。

（3）关键 经验和熟练程度。

2. 容重测量（排气式容重器或量筒）

（1）原理 容重法是根据一定体积的饲料原料都有一定的重量，通过检测样品与标准样品容重的比较可以初步判断饲料原料的掺杂和含水量情况。

（2）方法 四分法取样，倒入量筒至 1 000 mL 刻度处，倒出称重，重复 3 次，以 g/L 为单位计算，取平均值。

3. 密度测定法

（1）原理 饲料原料不同，其密度不同，将待测原料的密度与文献值密度进行比较，判断饲料原料的质量。也可以选相应密度的浮选液对其分离，分离物再进一步用镜检法或浮选法进行确认。

（2）方法　先将不同的密度液装入不同的试管中，将同一被检原料分别装入这些试管中，当被检样品在密度液中不浮不沉时，该密度液的密度即可认为等同于被检样品的密度。

二、饲料的显微镜检测

1. 适用范围　饲料原料和霉菌毒素。

2. 原理　以动植物形态学、组织细胞学为基础，将显微镜下饲料的形态特征、物化特点、物理形状与实际使用饲料原料应有的特征进行对比分析的一种鉴别方法。常用的显微镜技术包括体视显微镜技术和生物显微镜技术。

3. 镜检的目的　应有的成分是否存在、是否含有有害因子、加工处理的方式是否恰当。

4. 仪器设备与试剂　体视显微镜和生物显微镜，乙醚或四氯化碳、酸或碱等。

5. 显微镜检测基本步骤　样品采集、破碎、筛分、浮选、脱色、消化解离（硫酸、氢氧化钠解离）、装片、显微镜观察等。

6. 常用饲料原料鉴定举例

（1）玉米

① 体视显微镜下特征　主要以表皮、胚乳、胚芽各部分特征鉴别。即表皮光滑，薄而半透明，带有平行排列的不规则形状的碎片物。胚芽呈奶油色，质软含油。胚乳中分软硬两种淀粉，硬淀粉呈黄色，半透明；软淀粉呈白色粉质，不透明，有光泽。

② 生物显微镜下特征　胚乳中含有很多小的多边形淀粉粒，呈半透明状，粉质胚乳的细胞较大，淀粉多为圆形，有明显中心脐及放射状裂纹。

③ 质地差的玉米　常见的质量差的有颗粒霉变、虫蛀、颗粒不完整、有杂质、质地疏松。其气味有霉味、酸味或其他异味。霉变的玉米可见胚部呈黄色、绿色或可见黑色菌丝。虫蛀的玉米可见虫眼、虫尸及其排泄物。

（2）豆饼

① 体视显微镜下特征　主要特征在外壳，即外壳表面光滑，其内表面为黄色，不平，呈多孔海绵状，外壳碎片多紧紧卷曲，带一条清晰裂缝（可从碎

片上看到），颜色呈黄色或褐色、黑色。浸出粕颗粒形状不规则，扁平，硬而脆。豆仁颗粒无光泽，不透明，呈奶油至黄褐色。压榨饼块颗粒状，团块质地粗糙，外表颜色比内部深。

②生物显微镜下特征 种皮由 4 层细胞构成，即栅状细胞、沙漏状细胞、海绵状组织和糊粉层。其中，沙漏状细胞形似沙漏，长 30～70 μm，为其鉴别的重要特征。此外，种皮上有天花痘般的形状纹延绵，该形状更易识别。

第七章
新疆山羊各类羊饲养管理技术

在新疆山羊生产中,合理的饲养技术,可减少饲料浪费,节约饲料20%左右。新疆山羊羊场饲养的共性技术包括:

① 定时、定量饲喂。长时间的饲养会使羊形成固定的条件反射,这对消化道内环境的稳定和正常消化机能的提升有重要作用。饲喂过迟或过早,均会打乱羊的消化腺活动,影响消化机能,只有定时饲喂,才能保证羊消化机能的正常和提高饲料营养物质消化率。

② 稳定日粮。羊瘤胃内微生物区系的形成需要30 d左右,一旦打乱,恢复很慢。因此,有必要保持饲料种类的相对稳定。在必须更换饲料种类时,一定要逐渐进行,以便使瘤胃内微生物区系能够逐渐适应。尤其是在精饲料、粗饲料更换时,应有7~10 d的过渡时间,这样才能使羊能够适应,不至于产生消化紊乱现象。时青时干或时喂时停,均会使瘤胃消化受到影响,羊只生长发育缓慢,甚至导致疾病。

③ 饲喂有序。在饲喂顺序上,应根据精饲料、粗饲料的品质及适口性安排饲喂顺序,当羊建立起饲喂顺序的条件反射后,不得随意改动;否则,会打乱羊采食饲料的正常生理反应,影响采食量。一般的饲喂顺序为:先粗后精、先干后湿、先喂后饮,如干草-副料-青贮饲料-块根、块茎类-精饲料混合料。但喂羊最好的方法是精粗饲料混喂,采用完全混合日粮。

④ 保证充足清洁的饮水。水是羊机能代谢不可缺少的物质,羊的饮水量一般为干物质进食量的1~2倍,每天需水1.5~2.5 L。饮水用具有水槽或自动饮水器,让羊自由饮水,冬季饮水的水温不低于10 ℃。饮水的方法有多种形式,最好在运动场安装自动饮水器,或在运动场设置水槽,经常放足清洁饮水,让羊自由饮用。

⑤ 少喂勤添。

⑥ 合理配置不同生理期的营养需要。

⑦ 科学利用非蛋白氮饲料，提高营养水平，提升产品质量，降低生产成本。

⑧ 为充分利用新疆山羊的种公羊效应，实施公母羊分群，以保证发情期的一致性，提高受胎率。

第一节　新疆山羊种公羊的营养需要和饲养管理技术

种公羊是羊群中的重要组成部分，种公羊饲养的好坏直接影响到群体整体的良种化水平，所以要求种公羊常年保持中上等膘情，体质健壮，性欲旺盛。新疆山羊种公羊的配种期一般仅 2 个月，但非常关键，不仅影响当年受胎率，更影响新疆山羊的质量和育种进度。一定要注意配种期的饲养管理，保证有品质好的精液，顺利完成配种任务。

在配种前 30～40 d 就应对种公羊加强饲养，提高营养水平。蛋白质是保证种公羊体质、提高精液产量必不可少的。

在配种期，种公羊日粮粗蛋白质最低应保持在 16％以上，配种高峰期应达 18％～20％。此外，为恢复种公羊体力，并使之精力更加充沛，还应补充一定数量的动物蛋白质，如奶粉、鸡蛋等。同时，还要注意维生素和矿物元素的添加与平衡。对种公羊生殖机能有直接影响的矿物质及维生素有：铜、锌、铁、硒、铬、锰、碘；维生素 A、维生素 E 和维生素 B_{12} 等。补饲这些物质最便捷的途径是使用添加剂和多维制剂。

一、种公羊日粮

在春季或枯草期，可以参照下面的补饲水平饲喂：玉米 1 000～1 250 g，豆饼 400 g，骨粉占日粮总量的 1％～2％，微量元素占 0.2％，多种维生素占 0.4％。秋季配种时，种公羊日粮标准可调整为：玉米 750～1 000 g，豆饼 400 g，骨粉 1％～2％，微量元素 0.1％～0.2％，多种维生素 0.3％。除饲喂上述日粮并补饲适量的青干草外，每天还要加喂鸡蛋 250～300 g。日粮分上午下午两次饲喂，自由舔盐，保证有一定的放牧时间。

二、种公羊的运动

运动可增强种公羊体质，加快代谢，提高精子活力，但过度运动则会影响种公羊配种。对其运动强度的要求是在 20～30 min 驱赶种公羊运动 1.5～3 km，每天早晨运动 1 次，休息 30～60 min 后参加配种。

三、种公羊采精强度

配种前每天排精 1 次，连排 3～4 d 后休息 1 d。配种开始后，可以每天采精 1～2 次，个别特殊情况可采精 3 次，连采 3～4 d 后休息 1 d。分为配种期和非配种期：在非配种期，种公羊应单独组群，夏、秋季节仅放牧就可以满足营养需求；在冬、春季节，除放牧外还应补饲些青干草和精饲料，补饲青干草 0.25～0.5 kg/d，混合精饲料 50～100 g/d，适当加入菜籽饼、胡萝卜等，使种公羊保持适度的膘情。

配种期（9—11 月）种公羊与母羊按 1:50 左右合群放牧饲养，为保证种公羊性欲旺盛、精力充沛、精液品质优良，每天归牧后应补喂青干草 1 kg、混合精饲料 0.5 kg；另外，还应补喂一定的胡箩卜等多汁饲料，并满足供应清洁的饮水。

要求饲料多样化，最好以优质豆科牧草与禾本科牧草为主。配种量大时，适量补给混合精饲料，适时适量加喂乳类、蛋类、麦类或麸皮及维生素 A、维生素 C、维生素 E 及钙、磷等。一般补饲在配种前 1 个月开始，每只每天补饲混合精饲料 500 g 左右，必要时加喂乳类、蛋类和饼类等蛋白质补充饲料。冬春枯草期，每只每天补精饲料 250～500 g、胡萝卜、青贮饲料等 1 kg 左右，余者为优质青干草。

种公羊舍要宽敞坚固，通风良好，清洁干燥，勤起勤垫。配种期种公羊要加强运动，非配种期饲养每天放牧不少于 10 h，放牧里程不少于 10 km，精饲料日给量为配种期的 60%～70%，并逐渐增加。采精前 1～2 h 进行运动，采用快步驱赶，在 40 min 内走完 3 km，对增强精子活力非常有用。

要严防种公羊互相角斗或互相爬跨，防止互相顶撞造成外伤。不去灌木丛放牧，保护好阴囊。观察种公羊的角根、包皮、龟头周围是否有苍耳等带刺植物，发现有刺植物或籽实要及时摘掉，避免被刺破而引发炎症或被蚊、蝇叮咬而感染化脓。蹄形不正者要及时修蹄。种公羊舍要离母羊舍远一些，以免影响公、母羊采食或串群偷配。要在配种结束后加强放牧，增加放牧时间，要根据种公羊的膘情，逐步减少给料数量，不要立即停止给料。

种公羊营养消耗大。据报道，每生成 1 mL 精液需要 50 g 可消化蛋白质。配种期日给营养要全价，蛋白质要质量好、数量足。生产实践证明，蛋白质充足，种公羊性机能旺盛，射精量多，精子密度大，母羊受胎率高。配种期每天供给种公羊混合精饲料 800 g 左右，其中玉米不超过 50%，饼类饲料不少于 20%，保持健康体质又不过肥，以免影响配种。除精饲料外，日给牛奶 0.5 L，鸡蛋 2～4 枚，骨粉 10 g，食盐 15 g。混合精饲料分早、午、晚 3 次喂给，早、午 2 次少些，晚上喂得多一些。每天还要饲喂胡萝卜、南瓜、饲用菜等多汁饲料 0.5～1 kg。配种期间，种公羊经常不安心采食，要到优质天然牧地或人工牧地去放牧。应补喂苜蓿、沙打旺、大豆秸和各种树叶。

种公羊饲养管理要细致，照顾周到，随时观察种公羊的食欲和身体状态，发现食欲不振或打斗受伤时，找出原因，及时解决。新疆山羊长期舍饲时，容易出现蹄甲过长和牙齿过长的情况，要及早发现并修剪。

第二节　新疆山羊繁殖母羊的营养需要和饲养管理技术

母羊是羊群的主要组成部分，一般占 60% 左右，饲养水平的高低直接影响羊群的整体经济效益，根据成年母羊的生理特点，可将其分成妊娠前期（3 个月）、妊娠后期（2 个月），泌乳前期 2 个月，泌乳后期 2 个月。对成年母羊按其生理特点采取不同的饲养管理方法，是发挥其遗传潜力和提高羔羊繁殖成活率的关键。

参加配种的母羊，要进行编号登记，加强饲养管理。对高产母羊适当补饲精饲料，在配种前 1 个月进行短期优饲，达到满膘配种。

一、种母羊的选择和饲养管理

周岁产绒量 320 g 以上，绒毛品质优良的母羊作种羊，母羊除四季放牧外，配种前期及冬、春季节必须补饲。为了保证羊群的繁殖能力和生产能力，配种前 20 d 要实行短期优饲，供给混合精饲料 0.2～0.25 kg。青草或多汁饲料 0.25 kg，使母羊保持七八成膘，不能过瘦或过肥，以提高母羊的受胎率：

冬季和初春是母羊妊娠的中后期，也是羊绒毛的生长旺期，同时为抵御严寒也需要消耗大量的热能。所以此期间除加强放牧外必须补饲高能量、高蛋白质饲料，同时补充适量青干草，不可喂冰冻、发霉、变质的饲料。严禁鞭打、惊吓、跨沟越栏、饮冰冻水，以防流产，羊舍要保持清洁、干燥、通风良好、保暖性好，母羊妊娠期应禁止免疫接种。

二、后备母羊的饲养管理

新疆山羊原种场把 19～30 月龄这一时期的羊称为后备羊，农户多指 2～3 岁的羊。这一时期的羊生长迅速，各种生理、生产性状基本成熟，公羊比母羊要稍晚一些。该阶段仍需要较高的饲养水平，应视草场情况适当补饲，每天每只补饲混合精饲料 0.35～0.7 kg、优质干草 0.25～0.5 kg，秸秆 0.4～0.9 kg，以便使其生产性能充分表现，为选种打下良好基础。对后备母羊，饲养场应每 30～60 只组一群，安排有经验的放牧员放牧饲养。

后备母羊已完全达到性成熟，进入可繁殖阶段，同时这一时期是大多数母羊产绒量达到最高的时期。因此，该时期饲养管理特别重要。随着年龄的增长，母羊需要的营养也逐渐增加，应视草场情况适当补饲，以满足其营养需要。配种前要进行短期优饲，以便集中发情，集中配种，集中产羔，方便饲养管理。后备母羊妊娠后，要加强饲养管理，加强运动，进出圈舍、放牧时要控制羊群，避免拥挤或急驱猛赶。补饲、饮水要防止拥挤和滑倒。严禁饲喂发霉变质的饲草饲料。不饮冰冻水，以防流产、死胎等情况发生。后备母羊产羔时，由于是初产羊，应做好接羔护羔工作。对母性差的母羊，要进行调教，以便养成良好的习惯。

三、妊娠母羊的饲养管理

1. 妊娠前期的饲养管理　母羊妊娠前期的饲养管理对提高其繁殖力和生产力有重要作用。母羊在配种后 17～20 d 不发情，表明其已妊娠。妊娠母羊不仅要保证自身所需营养，还要满足胎儿发育需要。妊娠前 3 个月为妊娠前期，胎儿发育较慢，重量仅占羔羊初生重的 10%。妊娠前期母羊对粗饲料的消化能力较强，只要搞好放牧，维持母羊处于配种时的体况即可满足其营养需要。进入枯草季节时，应进行适当补饲，充分满足胎儿生长发育和组织器官分化对营养物质的需要，建议每只每天补饲秸秆 0.5 kg、优质干草 0.25 kg、混合精饲料 0.3 kg。

2. 妊娠后期的饲养管理 妊娠后期胎儿生长发育快，约 90% 的体重在妊娠后期形成。妊娠第 4 个月，胎儿平均日增重 40～50 g；妊娠第 5 个月日增重高达 120～150 g，且骨骼已有大量钙、磷沉积。母羊妊娠的最后 1/3 时期，对营养物质的需要增加 40%～60%，钙、磷的需要增加 1～2 倍。因此，对妊娠母羊的饲养应将重点放在妊娠后期。此期的饲养管理对胎儿一生的生长发育和整个生产性能、经济效益的提高均有重要影响。如果该时期正值枯草季节，则应注意补饲的数量和质量。由于妊娠后期胎儿及组织器官不断增大，在满足其营养需要的前提下还要考虑饲料营养浓度。建议每只每天补饲秸秆 0.5～1 kg、优质干草 0.5 kg、混合精饲料 0.35～0.42 kg。严禁饲喂发霉变质的饲草饲料，不饮冰冻水，以防流产。在放牧时，做到慢赶，不打，不惊吓，不跳沟，不走冰滑地，出入圈不拥挤。对于可能产双羔的母羊及初次参加配种的小母羊要格外加强管理。母羊临产前 1 周左右，不得远牧，应在羊舍附近做适量的运动，以便分娩时能及时回到羊舍。

四、哺乳期母羊的饲养管理

哺乳母羊乳汁是羔羊生后一个阶段的主要营养来源，母羊饲养得好，乳汁就多，羔羊发育就好，成活率高。因此，草场好的母羊可少补饲料，草场差的要多补饲料。羔羊断奶前几天，就应减少母羊青绿多汁饲料的供给量，并适当控制饮水量。哺乳母羊的圈舍，始终要保持卫生、干燥，污物要及时清除。

母羊哺乳羔羊时间为 4 个月，分为哺乳前期（前 2 个月）和哺乳后期（后 2 个月）。母羊补饲重点在哺乳前期。羔羊出生后 15～20 d，母乳是其唯一重要的营养物质，为了保证母乳并恢复产后母羊的体况，应保证营养供给。一般来说，在放牧基础上，每天每只母羊补饲青绿多汁饲料 2 kg、青干草 0.5～1 kg、混合精饲料 0.3～0.5 kg。哺乳后期，母羊泌乳量下降，加之羔羊已具有采食植物饲料的能力，已不再完全依赖母乳。哺乳后期的母羊，主要靠放牧摄取营养，对体况较差者，也可酌情补饲，以利于其恢复体况。一般母羊哺乳期日均补饲混合精饲料 0.3 kg。产双羔、三羔母羊补饲 0.5～0.6 kg。全舍饲母羊的混合精饲料要加倍，使混合精饲料占日总饲喂量（包括各种粗饲料）的 40%～50%（按干物质折算）。

第三节　新疆山羊羔羊的营养需要和饲养管理技术

羔羊是羊一生中生长发育强度最大而又最难的一个阶段。新疆山羊生长羊绒的毛囊有很大一部分是在出生后哺乳期间发育成熟的，若母乳不足或饲养不当，不仅影响羔羊发育和体质，而且一部分毛囊停止发育长不出羊绒来，影响其一生的产绒量。因此，必须加强羔羊饲养管理。

一、哺乳期的饲养管理

羔羊在哺乳期主要依赖母乳获得营养，母乳充足时，羔羊发育好，健康活泼，增重快，绒毛着生好。母乳可分为初乳和常乳。初乳营养价值高，蛋白质含量高、维生素种类齐全且搭配合理、微量元素含量丰富，其中含有较多的镁盐，具有轻泻作用，有利于胎便排出，更重要的是初乳中含有大量酶和免疫球蛋白，可以增强羔羊的抗病力。所以，初乳在羔羊饲养中至关重要，羔羊一定要吃到初乳。多胎羔羊可以按照先弱后强的顺序安排吃奶，保证所有的羔羊都能吃到初乳，对个别体质弱的羔羊应辅助或强制其吃初乳。

羔羊出生后几乎每隔 2 h 就要吃 1 次奶，以后逐渐减少。所以产羔后应将母羊和羔羊放在一起饲养，给羔羊充足的吃奶机会，几天后可把羔羊圈在羊舍内，母羊在附近放牧，中间回来奶羔。对于缺乳、少乳的羔羊可采取找保姆羊和人工喂养的方式来解决。保姆羊可以用奶山羊或找产期相近、奶水好的产单羔母羊或产死胎母羊或死羔母羊来代替。人工喂养可以用羊奶、牛奶或奶粉、豆浆、鸡蛋等，但必须做到定时、定量、定温、卫生。

羔羊的早期诱食和初饲是羔羊饲养管理的一项重要工作。初生羔羊的前 3 个胃不发达，不能反刍，没有消化粗纤维的能力，只能依靠母乳获得营养。10 日龄后，羔羊即能模仿母羊的行为采食一定的草料，此时就可饲喂一些粉碎的精饲料和嫩绿的树叶、青草和青干草，以促进羔羊胃肠发育。以后，逐渐增加补饲量。羔羊的补饲应单独进行，任其自由采食，而且饲料要多样化、营养好、易消化，少给勤添，同时保证饲槽和饮水的清洁卫生。

一般在羔羊生后 3~7 d，就可以把其赶到舍外边运动、游戏、晒太阳，以增强体质、促进生长、减少疾病。以后即可把羔羊赶到离羊舍较近、背风、向阳、牧草种类多、生长旺盛、草质好的牧场放牧。放牧时要圈紧,训练羔羊听指挥,不乱跑,多吃草。羔羊抵抗力差,不能吃露水草,更不能让雨淋湿,还应注意防止羔羊误食毒草中毒。

放牧期羔羊容易感染寄生虫。对此应早发现,早治疗。体表寄生虫主要有蜱、虱子和跳蚤等,最好的治疗方法是药浴。应选用高效、低毒的药物,并稀释到合理的浓度,常用的药浴液有:①0.1%杀虫脒溶液;②0.05%辛硫磷溶液;③20%氰戊菊酯乳油;④二嗪农溶液。体内寄生虫以绦虫和消化道线虫易发,治疗的首选药是丙硫苯咪唑或左旋咪唑,也可以用伊维菌素或阿维菌素等。

羔羊一般3~4个月即可断奶。断奶后即可恢复母羊体况,准备下期配种,还可以锻炼羔羊的独立生活能力。羔羊也可以在1月龄时进行早期断奶,但必须供给优质的代乳料。新疆山羊原种场将达到4月龄、体重超过15 kg的羔羊一次性按性别、大小、强弱分群断奶,取得很好的效果。

二、断奶期的饲养管理

1. 断奶方法　断奶有两种方法,即一次性断奶法和自然断奶法。前者是将羔羊留在原来的羊舍里,把母羊调离到较远的地方,使羔羊听不到母羊的咩叫声。这样虽然羔羊咩叫几天,但随后就逐渐适应。这种方法断奶比较彻底,在生产上使用较多。另一种方法是逐步将羔羊与母羊分开,以达到断奶的目的。

2. 早期断奶　羔羊早期断奶是提高新疆山羊生产力的措施之一。从理论上讲,羔羊断奶的月龄和体重,应以能独立生活并以饲草为主获得营养为准。据观察试验,羔羊瘤胃发育可分为出生至3周龄的无反刍阶段,3~8周龄的过渡阶段,8周龄以后的反刍阶段。羔羊到8周龄时瘤胃已充分发育,能采食和消化大量植物性饲料,此时断奶是比较合理的。

3. 饲料营养含量要高　断奶羔羊体格较小,瘤胃体积有限,粗饲料过多营养浓度跟不上,精饲料过多缺乏饱腹感,精饲料、粗饲料比以8:2为宜。羔羊处于发育时期要求的蛋白质、能量水平高,矿物质和维生素要全面。日粮中微量元素量尚感不足时,羔羊就有吃土舔墙的现象发生。针对这种情况,可将微量元素盐砖放在饲槽内,任其自由舔食,效果较好。

4. 大力推行颗粒饲料　由于颗粒饲料体积小，营养浓度大，非常适合饲喂羔羊，所以在开展早期断奶时都采用颗粒饲料。实践证明，同样的配方，颗粒状饲料比粉末状饲料能提高饲料转化率 5%～10%，适口性好，羊喜欢采食。

5. 适宜出栏　在新疆山羊饲养中，除了留种的公羔和去势羔羊外，有一部分羔羊可以育肥，生产羊肉。对这部分羊在管理上要注意出栏时间，应尽量缩短饲养周期，提早出栏。在饲养上设法提高断奶体重，就可增大出栏活重。一般体重达到 15 kg 时即可出栏。

6. 饲喂优质干草　断奶羔羊的日粮单纯依靠精饲料，既不经济又不符合生理机能规律，日粮必须要一定比例的干草，一般占饲料总量的 30%～60%，以苜蓿干草较好，其不仅含蛋白质高达 20%，同时还含有促生长的未知因子，苜蓿的饲喂效果明显优于其他干草。

第四节　新疆山羊育肥羊的营养需要和饲养管理技术

一、育成羊的管理与饲养

断奶后的育成羊，全身各系统和各组织都在继续生长发育。体重、躯干的宽度、深度与长度都在迅速增长。如日粮配合不当，营养达不到要求，就会显著地影响其生长发育，形成体小、四肢高、胸窄、躯干细的体型。严重地影响到体质、采食量和将来的产绒量。生后 4～6 个月仍需注意精饲料的喂量，每天需喂含蛋白质 16% 以上的由 50% 玉米、20% 豆饼、25%～30% 麸皮及适量的食盐、骨粉、矿物质、维生素添加剂等组成的混合精饲料 300 g 以上。青粗饲料主要以放牧采食为主，日需优质青野草 2.5 kg 左右，放牧采食不足的可用优质青干草、鲜草或青贮饲料补充。

除满足其营养需要外，还应加强放牧和合理的管理，使之得到充分地运动锻炼，以达到各组织各器官均衡发育，增强体质和抗病能力。最终培育出体格健壮、四肢结实紧凑、体态丰满、胸宽深、后腹部稍大、被毛光亮、采食量大、消化力大、体质强、产绒量高的优质种羊。

新疆山羊饲养的各个时期都相互联系，密不可分。前一时期饲养成果的好坏直接影响下一时期的饲养工作。可以说，一个时期饲养工作做得不好就将影响羊的一生，所以只有坚持搞好每一时期的饲养工作，才能获得优质高产的种羊，使整个羊群质量能每一代都得到提高。

二、育肥羊的管理与饲养

（一）育肥期主要工作

断奶后育肥羔羊，按品种、公母和大小分开组群，一般以每群 50 只左右为宜。育肥期自断奶至出栏 3～4 个月，在育肥最初的 20 d 内，要做好驱虫、药浴和免疫接种工作。全育肥期做好始重、末重和饲料消耗等记录。

（二）育肥方式

育肥方式有 3 种，可以因地制宜地选择。

1. 放牧育肥　必须具备含有禾本科、豆科牧草，植被丰茂的优良草场，而且距离羊舍较近，羊在 1 d 之内能吃三四成饱。放牧时间：9:00～13:00，16:00～21:00，或用围栏放牧。屠宰前 10～15 d 适当补喂精饲料，每天 0.2 kg。配方：玉米 70%，豆饼 28%，食盐 2%。充足饮水，自由采食。放牧育肥在 9 月末霜期来临之前结束。

2. 放牧加补饲育肥　在草场条件不够理想的地区，多采用这种育肥方式。首先要延长放牧时间，尽量使羊只吃饱、饮足。归牧后再补给混合精饲料，其配比是：玉米 70%，豆饼 28%，盐 2%。日补饲 0.3～0.5 kg，上午补给总量的 30%，晚间补给总量的 70%。饲喂方法：加粗饲料（草粉、地瓜秧、花生秸粉）15%，混均拌湿，槽饲。遇有雨雪天气不能出牧时，粗饲料以秸秆微贮为主。在枯草期除补饲秸秆微贮外，还要在混合精饲料中另加 5%～10% 的麸皮及适量的微量元素和维生素 AD$_3$ 粉。有条件的还要喂些胡萝卜、饲用甜菜等多汁饲料。入冬后，气温低于 4 ℃时，夜间应将羊群赶入保温圈、棚内。

3. 舍饲育肥　舍饲育肥方式适用于无放牧场所、农作物副产品较多、饲料条件较好的地区。春、夏、秋季在有遮阳棚的院内或围栏内，秋末至春初寒冷季节在暖舍或塑料棚内喂养。舍饲育肥为密集式，包括饲喂场地、通道，每只羊占地面积为 1.2 m^2。冬暖夏凉、空气新鲜、地面干爽，有充足的精饲料、粗饲料储备，最好有专用的饲料地。

（1）混合精饲料组成　玉米 66%，棉籽饼 22%，麦麸 8%，骨粉 1%，细贝粉 0.5%，盐 1.5%，尿素 1%，含硒微量元素和维生素 AD$_3$ 粉按说明书加量。

（2）粗饲料组成　以微贮或青贮玉米秸秆为主，有条件的地区加喂些豆秸、花生秸、甘薯秧、沙打旺、羊草粉和青绿多汁饲料等。

（3）精饲料、粗饲料比例　育肥期第 1 个月混合精饲料占 60%，粗饲料占 40%，以后为 1∶1。混合精饲料可 5～7 d 配一次，临用时再按比例加粗饲料。

（4）混合饲料（含粗饲料）　每只每天给量，4～5 月龄，体重 20～30 kg，喂 0.8～1.0 kg；5～6 月龄，体重 30～40 kg，喂 1.2～1.4 kg；6～7 月龄，体重 40～50 kg，喂 1.6～1.8 kg。

（5）投喂方法　8∶30～9∶30 喂 30%，13∶30～14∶30 喂 30%，21∶00～22∶00喂 40%。喂前少加点水拌湿，每次饲喂时间为 20～30 min。如有剩料则相应减量，随体重和采食量增加而逐渐加量，逐步变更饲料品种。舍内应常备清洁饮水。

第八章
新疆山羊卫生保健与疫病防控技术

第一节　新疆山羊卫生保健

一、环境要求

新疆山羊羊舍，如果是单侧圈，朝向一般东西走向（坐北朝南）；如果是双侧圈，可以采用南北走向（早晨和下午两侧圈都能晒太阳）。舍饲宜避风向阳、干燥，保证羊只有足够的占地面积（0.7～1.5 m³/只）。舍外要设有运动场。运动场宜设有小石堆、土堆或其他供山羊攀爬的东西，环境要安静。羊舍内应有良好的通风条件，在舍顶设置足量的通气天窗，气候较温暖的地区前后墙均需设置可开启的窗户，严寒地区可只设前窗，窗户下框离地面不低于1.5 m。羊舍门宽为1.2～1.6 m。经常保持圈舍地面干燥、通风良好。定期清粪，定期消毒。

二、驱虫与消毒

（一）驱虫

（1）寄生虫分为体内寄生虫和体表寄生虫。都具有常发性、接触传染性，应做好每年定期预防驱虫的工作。

（2）在选择各类防疫防治药品时，应选用高效、低毒、低残留的药品。使用时严格按照使用说明操作。

（3）对抗寄生虫药物的使用，应采用交替用药的方法，即一种药物连用数月后换用另一种药物。

（4）使用新药时，要先进行小批量试验，确定安全有效后，方能进行大面积推广使用。

（5）加强对圈舍卫生环境管理，保持圈舍通风、干燥；经常清除圈舍粪便，并堆积发酵处理，以预防寄生虫病传播。

（6）每年在入冬前、转场前、舍饲、育肥前对羊的体内寄生虫进行驱虫，并严格做好驱虫后1周内粪便的收集、处理工作，避免羊只再次接触到驱出的有虫卵粪便，防止二次感染。

（7）每年定期实施2次以上对体外寄生虫的防疫，即梳完绒后第1次药浴、入冬前或转入冬草场前第2次药浴以及冬季圈养虱病的防疫。

（8）对患疥癣病的羊要进行隔离治疗。

（9）加强对患多头蚴病（包虫病）的羊用硫双氯酚，70～75 mg/kg（以体重计）；或氢溴酸槟榔素，1.5～2.0 mg/kg（以体重计），包在食物内喂服。驱虫期间应拴养1周，并将粪便深埋。

（10）不得随便丢弃病羊、内脏及羊头，不准将未经煮熟的内脏喂犬，对有包囊的内脏必须深埋或焚烧。

（二）消毒

（1）在羊场及圈舍的入口处应设有消毒石灰槽或消毒池，人、羊出入时须进行消毒，并且每周更换消毒药1～2次。

（2）羊圈地面应每天清扫1次，每月喷洒消毒1～2次。消毒前要清扫粪便等异物。

（3）发现有可疑疾病的羊只，应及时隔离、观察、确诊、治疗。如确诊为传染性疫病应立即上报，并采取相应处理措施，同时每天对羊体、羊圈和地面等彻底消毒1次。

（4）在选择治疗及防疫药物时，应首选低毒、低残留药物，并做好病羊的饲养、护理工作。

（5）加强对圈舍卫生环境管理，保持圈舍通风、干燥；经常清除圈舍粪便，堆积发酵处理，预防寄生虫病的传播。

（6）做好消毒工作，具体如下：

① 羊舍消毒　10%～20%石灰乳，10%的漂白粉溶液，0.5%～1.0%二氯异氰尿酸钠，0.5%过氧乙酸等。喷雾消毒。对隔离舍，如为病毒性疾病，

则用 2% 苛性钠或 1% 复合酚（如菌毒敌），对其他疫病可用 10% 克辽林溶液。

② 地面消毒　10% 的漂白粉溶液、4% 福尔马林溶液。

③ 粪便消毒　堆积发酵 30 d 左右。

④ 污水消毒　1 L 污水加入 2～5 g 漂白粉。

第二节　新疆山羊免疫程序

一、疫苗种类

1. 免疫接种　可根据当地疫病流行种类选用。

2. 疫苗种类　无毒炭疽芽孢苗，Ⅱ号炭疽芽孢苗，布鲁氏菌病猪型疫苗，羊快疫、猝狙、肠毒血症三联灭活疫苗，羔羊大肠杆菌病灭活疫苗，羊厌气菌氢氧化铝甲醛五联灭活疫苗，羊肺炎支原体氢氧化铝灭活疫苗，羊痘鸡胚化弱毒疫苗，山羊痘弱毒疫苗，口蹄疫疫苗等。

二、免疫时间

（一）羔羊的免疫程序

按照生长日龄进行免疫接种，依次是：

1. 7 日龄　羊传染性脓疱皮炎灭活苗，口唇黏膜注射，免疫保护期为 1 年。

2. 15 日龄　山羊传染性胸膜肺炎灭活苗，皮下注射，免疫保护期为 1 年。

3. 2 月龄　山羊痘灭活苗，尾根皮内注射，免疫保护期为 1 年。

4. 2.5 月龄　口蹄疫灭活苗，肌内注射，免疫保护期为 6 个月。

5. 3 月龄　羊梭菌病三联四防灭活苗和Ⅱ号炭疽芽孢苗，皮下注射或肌内注射，免疫保护期为 6 个月；气肿疽灭活苗，皮下注射，免疫保护期为 7 个月。

6. 3.5 月龄　羊梭菌病三联四防灭活苗、Ⅱ号炭疽芽孢苗，第 2 次皮下注射或肌内注射，免疫保护期为 6 个月；气肿疽灭活苗，第 2 次皮下注射，免疫保护期为 7 个月。

7. 4 月龄　羊链球菌灭活苗，皮下注射，免疫保护期为 6 个月。

8. 5 月龄　布鲁氏菌病活苗，肌内注射或口服，免疫保护期为 3 年。

9. 7 月龄　羊 O 型口蹄疫灭活苗，肌内注射，免疫保护期为 6 个月。

（二）妊娠母羊的免疫程序

1. 产羔前 6～8 周　羊梭菌病三联四防灭活苗破伤风类毒素，皮下注射或肌内注射。

2. 产羔前 2～4 周　羊梭菌病三联四防灭活苗破伤风类毒素，第 2 次皮下注射。

3. 产后 1 个月　羊 O 型口蹄疫灭活苗肌内注射，羊梭菌病三联四防灭活苗皮下注射或肌内注射，Ⅱ号炭疽芽孢苗皮下注射。免疫保护期均为 6 个月。

4. 产后 1.5 个月　羊链球菌灭活苗、山羊传染性脑膜肺炎灭活苗皮下注射。前者免疫保护期为 6 个月，后者为 1 年。山羊痘灭活苗尾根皮内注射，免疫保护期为 1 年。布鲁氏菌病灭活苗肌内注射或口服，免疫保护期为 3 年。

（三）成年公羊的免疫程序

1. 配种前 2 周　羊 O 型口蹄疫灭活苗，肌内注射，羊梭菌病三联四防灭活苗，皮下注射或肌内注射。免疫保护期均为 6 个月。

2. 配种前 1 周　皮下注射羊链球菌灭活苗、Ⅱ号炭疽芽孢苗。免疫保护期均为 6 个月。

三、免疫方法及注意事项

1. 免疫方法

（1）Ⅱ号炭疽芽孢苗　预防羊炭疽。皮下注射 1 mL，注射后 14 d 产生免疫力。免疫保护期为 1 年。

（2）布鲁氏菌病疫苗　预防布鲁氏菌病。肌内注射 0.5 mL（含菌 50 亿个）。3 月龄以下羔羊、妊娠母羊、有该病的阳性羊，均不能注射。用饮水免疫法时，用量按每只羊服 200 亿个菌体计算，2 d 内分 2 次饮用，在饮服疫苗前一般应停止饮水半天，以保证每只羊都能饮用一定量的水。应当用冷的清水稀释疫苗，并迅速饮喂，效果最佳。免疫保护期暂定 2 年。

（3）羊快疫、猝狙、肠毒血症三联灭活疫苗　羔羊、成年羊均为皮下注射或肌内注射 5 mL，注射后 14 d 产生免疫力。免疫保护期为 6 个月。

（4）羔羊大肠杆菌病灭活疫苗　3 月龄以下羔羊，皮下注射 0.5～1.0 mL，3 月龄至 1 岁的羊，皮下注射 2 mL，注射后 14 d 产生免疫力。免疫保护期为 5

个月。

（5）羊厌气菌氢氧化铝甲醛五联灭活疫苗 预防羊快疫、猝狙、肠毒血症、羔羊痢疾和黑疫。不论年龄大小，均皮下注射或肌内注射 5 mL，注射后 14 d 产生免疫力。免疫保护期为 6 个月。

（6）羊肺炎支原体氢氧化铝灭活疫苗 预防由绵羊肺炎支原体引起的传染性胸膜肺炎。6 月龄以下的羊颈部皮下注射 2 mL，成年羊 3 mL。免疫保护期为 1 年半以上。

（7）羊痘鸡胚化弱毒疫苗 冻干苗按瓶签上标注的疫苗量，用生理盐水 25 倍稀释，振荡均匀，不论年龄大小，均皮下注射 0.5 mL，注射后 6 d 产生免疫力。免疫保护期为 1 年。

（8）山羊痘弱毒疫苗 预防山羊、绵羊羊痘。皮下注射 0.5～1.0 mL。免疫保护期为 1 年。

（9）口蹄疫疫苗

① 口蹄疫疫苗的特性 疫苗应为乳状液，允许有少量油相析出或乳状液柱分层，若遇此可轻轻振摇使乳状液恢复均匀后使用。若遇破乳或超过规定的分层（水相析出按规程规定不能超过 1/10）则不能使用。疫苗应在 2～8 ℃下避光保存，严防冻结。

② 口蹄疫疫苗的使用方法 口蹄疫疫苗宜肌内注射，绵羊、山羊使用 4 cm 长的 18 号针头。

③ 口蹄疫疫苗的用量 羊 O 型口蹄疫灭活疫苗，均为深层肌内注射。其用量是：羔羊每只 1 mL，成年羊每只 2 mL。

2. 注意事项

（1）注射器和针头应洁净，并用湿热方法高压灭菌或用洁净水加热煮沸消毒法消毒至少 15 min，不可使用化学方法消毒。接种时针头应逐只更换，更不得 1 支注射器供两种疫苗混用。

（2）免疫接种前应了解需要免疫接种的新疆山羊的健康状况、病史及免疫接种史，凡有病、瘦弱、临产母羊（10～15 d）不应免疫接种，待病羊康复、母羊产后再按规定补免。免疫接种新疆山羊应处于休息、安静情况下，并保持清洁干净。非疫区的新疆山羊，于注射后 28 d 方可运输。

（3）疫苗在使用过程中应保持低温并避免日光直射。注射部位剪毛后用 70%～75% 酒精棉球或碘酊擦净消毒，再用挤干的酒精棉球擦干消毒部位。疫苗必须注入肌肉内，切不可注入脂肪或皮下。

（4）接种后加强对新疆山羊的饲养管理。停食或减食 1～2 d 属正常反应。少数新疆山羊因品种、个体状况原因可能出现疫苗过敏反应，应加强观察，及时用肾上腺素或其他方法急救治疗，以减少损失。

新疆山羊接受免疫后可对其保护 4～5 个月，注射疫苗一般反应较少。

第三节　新疆山羊主要传染病的诊断与预防

一、炭疽

炭疽是由炭疽杆菌引起的、人兽共患的急性传染病。

1. 症状　最急性型的往往是忽然发现羊尸而不知道死期。如能看到症状，一般表现为突然昏迷，行走不稳，磨牙，数分钟即倒毙，死前全身震颤，天然孔流血。急性型的病羊初期呈不安状，呼吸困难，行走摇摆，大叫，高热，间或身体各部发生肿胀。继而鼻孔黏膜发紫，唾液及排泄物呈红色，肛门出血，全身痉挛而死。亚急性型的症状与急性型的基本相同，唯表现较缓和，病程 2～5 d。

2. 诊断　生前诊断应注意与中毒及羊快疫和羊肠毒血症鉴别。

（1）炭疽与急性中毒鉴别　炭疽表现为高热，黏膜潮红或出血。急性中毒表现为体温正常或偏低，黏膜发绀或发暗，天然孔无出血症状。

（2）炭疽与羊快疫、肠毒血症的鉴别　炭疽具有明显高热，体温可达41.5～42 ℃，天然孔出血。羊快疫体温正常或稍高，不超过 41.5 ℃，口腔或肛门排淡红色、有泡沫性物质。羊肠毒血症则无天然孔血样物质。

患炭疽病死羊尸体膨胀，尸僵不全，天然孔有黑色液体流出。黏膜呈紫红色，常有出血点。一般禁止剖检，因为工作人员有可能被感染。炭疽杆菌致病性强，致死率高，并且炭疽杆菌在空气中易形成芽孢，易形成持久性疫源。

（3）预防　发现病羊或尸体应立即隔离，用 2%～4% 氢氧化钠立即消毒污染的场地。同时报告当地兽医主管单位。病死羊尸千万不能剥皮吃肉，必须把尸体和沾有病羊粪尿、血液的泥土一起烧掉，或消毒后深埋。

炭疽一般来不及治疗，也不提倡治疗。

二、口蹄疫

口蹄疫是由口蹄疫病毒引起的，人和偶蹄家畜都可感染的急性传染病。

主要传染来源为患病家畜，其次为野生的带毒动物，主要通过消化道感染，也可以通过眼结膜、鼻黏膜、乳头及皮肤伤口感染。

1. 症状　山羊的潜伏期为 2～6 d。主要症状是体温升高，口腔黏膜出现水疱，有时舌面上出现水疱。蹄部出现水疱。哺乳羔羊多发生出血性胃肠炎。

2. 诊断　根据传染迅速，口蹄出现水疱，羔羊出现出血性胃肠炎，可做出初步诊断。

3. 预防　认真做好定期预防接种，用口蹄疫疫苗每年接种 3 次。如果发生了口蹄疫，要立即向当地兽医主管部门报告，同时采取隔离、封锁、消毒等措施。

本病一般不提倡治疗，死亡率可达 20％。

三、山羊痘

由山羊痘病毒引起的山羊的一种急性接触性传染病。

春、秋季节发病较多，传染很快。病的主要传染来源是病羊，病羊呼吸道的分泌物、痘疹渗出液、脓汁、痘痂及脱落的上皮内都含有病毒。病期的任何阶段都有传染性。病愈的羊能获得终身免疫。

1. 症状　潜伏期为 6～8 d，但可短至 2～3 d，天冷时可长达 15～20 d。体温升高到 41～42 ℃，精神委顿，食欲废绝，脉搏增速，呼吸困难，结膜潮红，眼睑肿胀。鼻腔流出浆液性、脓性分泌物。经过 1～3 d，全身皮肤表面出现黄豆、绿豆大的红色斑疹（初期斑疹出现在少毛或无毛区），斑疹经过 2～3 d 形成疹痘疱，内容物变为脓性。脓疱变干后数日脱落，留下红色的陷窝，最后形成瘢痕。

2. 诊断　根据少毛区或无毛区出现红斑、丘疹、水疱、脓疱及结痂等不难诊断。

3. 防治　定期接种山羊痘疫苗。一旦发病应立即采取隔离、封锁、消毒等措施。

4. 治疗　可用免疫血清。对皮肤上的病灶应涂擦碘酊和 1％高锰酸钾溶液。应用抗生素控制继发感染。

口蹄疫、腐蹄病、羊传染性脓疱、山羊痘之间的诊断区别见表 8 - 1。

表 8-1　口蹄疫、腐蹄病、羊传染性脓疱、山羊痘之间的诊断区别

疾病名称		口蹄疫	腐蹄病	羊口疮	山羊痘
鉴别特点	病灶特性	清亮水疱	无水疱	脓疱	混浊脓疱、水疱
	病灶部位	口、蹄	蹄	口	少毛或无毛区
	易感年龄	所有年龄	所有年龄	羔羊	所有年龄

四、羔羊痢疾

羔羊痢疾为羔羊的急性致死性疾病，其特征为持续性下痢，死亡率很高。以 7 日龄内的羔羊多发，以气候寒冷和气候多变的季节多发。

1. 症状　潜伏期 1～2 d。病初发生持续性腹泻。粪便由粥样转变为水样，呈黄白色或灰白色，恶臭，后期粪便带血。有的病羔腹胀而不下痢或只排少量稀粪，主要表现为四肢瘫软，卧地不起，呼吸急促，口流白沫。

2. 剖检变化　肠道变化显著，大小肠黏膜有轻重不同的炎症，有的已开始溃烂。病期越长，溃烂越明显，由肠壁外面即可透视到溃烂区域。剪开肠道后，可见有小溃疡及坏死性病灶。急性者肠内容物常混有血液。

3. 诊断　根据羔羊年龄、临床症状（急性下痢）、剖检所见的肠道炎症和溃疡，可以诊断。

4. 预防　羔羊出生后 12 h 内口服土霉素等药物预防。妊娠母羊产前 1 个月注射羔羊痢疾菌苗，使羔羊从初乳中获得抗体，使其获得免疫力。

5. 治疗　用青霉素等抗生素进行治疗。同时进行补液。

五、羊肠毒血症

本病为山羊的急性致死性传染病，其特征为病程短、发病快，常常来不及治疗而死亡。

病原为 D 型魏氏梭菌。天气寒冷，寄生虫侵袭，吃精饲料过多，运动缺乏等均利于 D 型产气荚膜梭菌在肠道内大量繁殖，进而引起羊只发病。

1. 症状　急性型表现为突然大泻，随即倒卧在地，目光凝视，呼吸困难，口中流出大量涎液沫，稀便频繁而量多，四肢僵硬，急乱爬抓，后躯震颤，呈显著的疝痛症状，一般于 1～2 h 内哀叫死亡；亚急性型表现为急剧下痢，粪便呈黄棕色或暗绿色粥状，量多而臭，内含灰渣样料粒，以后迅速变稀，掺杂

有血液和黏液，继而全呈黑褐色稀水，内含有球形或长条状的白色假膜和淡红色小肉块似的东西，或者混有黑色血块，行走时排稀粪。肛门黏膜充血而变为红色，多数呈疝痛症状。后期表现为肌肉痉挛的神经症状。

2. 剖检　尸体膨胀，口吐泡沫状液体，阴门稍开张，黏膜表面有清液，结膜与巩膜有出血斑。病期较长的病例，其口、鼻、眼的黏膜均发紫；体表淋巴结的切面表现多汁；肺水肿，且有大小不等的点状出血，少数病例中有胸水；脾常无变化，间有小点状出血；皱胃黏膜及小肠内潮红及肿胀，也有溃烂者；大肠的潮红和肿胀程度较小肠轻；空肠前段含有少量淡黄色粥状内容物；回肠内容物也很少，一般为灰色粥状，间或为淡黄色，有时全肠充满气体；肠淋巴结肿大，含有较多的液体；肝肿大或有小点状出血和灰白色病灶；胆囊显著肿大；心包及心外膜有时出血，左心室内膜则显著出血；大脑轻微充血；肾脆软。

3. 诊断　根据流行病学、临床症状和病理剖检较易诊断。

4. 特征　个别羔羊突然死亡，剖检时见心包扩大，肾变软或糜烂。可做出初步诊断。

羔羊痢疾、羔羊大肠杆菌病、沙门氏菌病、羊肠毒血症的区别要点见表8-2。

表8-2　羔羊痢疾、羔羊大肠杆菌病、沙门氏菌病、羊肠毒血症的区别要点

病名	流行病学	临床症状	剖检变化
羔羊痢疾	多发于生后3周内的羔羊	急性下痢，粪便由黄色逐渐变为黄绿色或棕色	肠黏膜发炎、溃烂
羔羊大肠杆菌病	多发于生后2～8 d	① 败血型多发于2～6周龄的羔羊。病羊体温41～42℃，精神沉郁，迅速虚脱，有轻微的腹泻或不腹泻，有的有神经症状，运步失调，磨牙，视力障碍，有的出现关节炎；多于病后4～12 h死亡 ② 肠炎型多发于2～8日龄的新生羔羊。病初体温略高，出现腹泻后体温下降，粪便呈半液体状，带气泡，有时混有血液，羔羊表现腹痛，虚弱，严重脱水，不能起立；如不及时治疗，可于24～36 h死亡	皱胃黏膜发炎，有出血点，肠黏膜也有出血点，内脏器官充血

病名	流行病学	临床症状	剖检变化
沙门氏菌病	多发于 2～15 日龄	表现下痢，病程稍长表现出肺炎及关节炎症状。妊娠羊表现为流产	① 下痢型。皱胃和肠道空虚，黏膜充血。②流产型。子宫肿胀坏死
羊肠毒血症	多发于冬、春季节	急剧下痢，粪便中有灰渣样料粒。肛门黏膜极度充血。急性的突然死亡	口吐泡沫样液体，口眼黏膜发绀，阴门张开，阴门黏膜表面有清液，右心室内膜显著充血

六、布鲁氏菌病

布鲁氏菌病是由布鲁氏菌属细菌引起的人兽共患传染病的总称。由于羊只患病后妊娠母羊多数流产，所以该病也称传染性流产。

1. 症状　青年羊感染后不表现症状，成年母羊感染后往往于妊娠后期发生流产。新感染的山羊群，流产率可达 50％～90％，流产后并发子宫炎、角膜炎和跛行等。但慢性病羊没有可见症状，很少有流产现象，或者完全没有流产的。公羊常有睾丸炎，而且会引起化脓。

2. 诊断　当羊群内发现有流产现象时，应对全群羊只进行血清学检查。用凝集反应做普检，用补体结合反应做凝集反应，疑似者定性检查，检出阳性者扑杀淘汰。

3. 预防　当羊群内有阳性病羊时，对阴性羊只在非妊娠期进行疫苗接种。但是种羊要注意，由于目前鉴定的方法很难鉴别患病引起的阳性和接种疫苗后的阳性，因此要出场销售的种公羊，尽量不接种疫苗。

七、传染性角膜结膜炎

传染性角膜结膜炎，又称流行性眼炎。多发于夏、秋季节，发病时传染迅速，1 周内可波及全群，发病率为 90％，甚至 100％。它不是一种致死性传染，但会造成新疆山羊的局部刺激和视觉扰乱，甚至失明，发病率很高，对新疆山羊的养殖危害非常大。

本病由多种病原引起，但目前一般认为主要由衣原体引起的。

1. 症状　初期患眼羞明流泪，眼睑肿胀，疼痛，结膜瞬膜红肿，或在角膜上发生白色或灰白色小点。严重者角膜增厚，并发生溃疡，形成角膜瘢痕及角膜翳。

2. 诊断　根据临床症状和传播迅速及发病季节不难诊断。

3. 治疗

（1）用青霉素液（5 000 U/mL）洗眼，每天 2 次。

（2）用普鲁卡因青霉素在太阳穴注射，效果甚佳。

八、传染性胸膜肺炎

山羊传染性胸膜肺炎是由山羊丝状支原体引起的山羊急性接触性传染病。该病传播迅速，死亡率高。本病仅传染山羊，多发于冬、春季节。6～18 月龄公羊多发。主要通过呼吸道传染。

1. 症状　潜伏期为 18～26 d。急性的病初体温升高到 41～42 ℃。表现为明显的肺炎症状、咳嗽、呼吸困难、咩叫、呻吟。眼结膜急性充血，鼻流灰白色及脓性鼻汁。病的后期，呼吸极度困难，背拱起，头伸直，口半开，有泡沫唾液外流。慢性的由急性转化而来，没有明显的肺炎症状，但间发咳嗽及流鼻或腹泻，膘情显著下降。

2. 剖检变化　胸膜发炎而变得粗糙，肺常与胸膜、心包粘连，粘连处有明显的白色胶性浸润。胸腔和腹腔内有大量黄色无臭的液体。

3. 诊断　根据流行情况，临床症状，及剖检变化不难诊断。

4. 防治

（1）每年定期注射山羊传染性胸膜肺炎氢氧化铝疫苗。

（2）用沙星类药物有良好的疗效，如二氟沙星、氟山沙星、环丙沙星等。

第四节　新疆山羊寄生虫病的诊断与预防

一、羊疥癣

又称为螨病，山羊的疥癣主要由穿孔疥虫（疥螨）引起的。

1. 症状　多发于毛短处。患处剧痒，皮肤肿胀，皮屑很多。随着病程的发展，患部形成干灰色疮痂，皮肤变厚、脱毛、干硬。

2. 诊断　根据病灶症状不难诊断。

3. 防治　每年两次定期注射阿维菌素预防。夏、秋季节定期用精制马拉硫磷溶液（除癞灵）喷浴防治。

二、脑包虫

绦虫的蚴虫期，外形为囊状，寄生于羊或其他动物体内引起发病。多头蚴是绦虫蚴虫的其中一种，寄生于羊的脑内，引起羊的一系列脑炎和脑膜炎症状。多头蚴又称脑包虫。

犬等肉食动物多头绦虫的卵或含卵体节，随粪便排出体外，羊采食食物或饮水时吞入虫卵，即受到感染。卵内的六钩蚴穿透肠黏膜进入血液循环，随血液流动而到达身体各部位。只有进入中枢神经系统的发育良好，进入其他各部位的不久即死亡。

六钩蚴虫入脑后发育成多头蚴，在大脑上面或两大脑半球之间发育成成熟的蚴虫。由于蚴囊不断增大，可压迫大脑使大脑机能紊乱，产生一系列病理状态。

1. 症状　急性的由于大脑感染引起体温升高，脉搏加快，呼吸加快，有时强烈兴奋，有时沉郁，长时间躺卧等，有的因急性脑膜炎死亡，有的则转为慢性经过。慢性的表现症状由虫体寄生部位决定，可表现为圆周运动、直线低头前行、向后仰、向后退等。

2. 诊断　主要根据临床症状做出诊断。

3. 预防　羊只周围的犬等肉食动物定期驱除绦虫。

4. 治疗　口服吡喹酮 50～70 mg/kg（以体重计）。寄生于头前部脑髓表层的蚴囊可实施手术治疗。

三、绦虫病

本病的病原为绦虫。绦虫是一种长带状而由许多扁平体节组成的蠕虫，寄生于山羊的小肠内，共有 4 种，即扩展莫尼茨绦虫、贝氏莫尼茨绦虫、盖氏曲子宫绦虫、中点无卵黄腺绦虫，比较常见的是莫尼茨绦虫。牛、羊等在吃草时吞食了含有囊尾蚴的甲螨而被感染，在小肠内经 40～50 d 发育成成虫。在肠道内可活 2～6 个月，后排出体外。

1. 症状　一般轻微感染的羊不表现症状，尤其是成年羊。但 1.5～8 个月的羔羊，在严重感染后则表现食欲降低，渴欲增加，下痢，贫血，淋巴结肿大。病羊生长不良，体重显著下降，粪便中混有绦虫节片，甚至痉挛而死。

2. 诊断　主要根据体节检查和临床症状做出诊断。

3. 体节检查　成熟的含卵体节经常会脱离下来，随着粪便排出体外。清晨在羊圈中观察新排出的羊粪可见混有黄白色扁圆柱状的东西，即为绦虫节片。长约 1 cm，由于两端弯曲，很像蛆。有时可排出长短不等的，呈链条状的数个节片。

4. 防治　采取以预防性驱虫为主的综合性防治措施。

5. 预防性驱虫　首选药物为丙硫苯咪唑，剂量为 5～6 mg/kg（以体重计）。驱虫前 12 h 要禁食，驱虫后留圈不少于 24 h，以免污染牧地。农区放牧的羊全年驱虫 2 次。

四、蜱病

蜱分硬蜱和软蜱。它们都是体表寄生虫。硬蜱多居于草场、牧地，而软蜱多居于动物的栖息场所，如圈舍的缝隙等处。寄生于新疆山羊体表的主要为硬蜱，易于诊断。

1. 症状　当羊只受到硬蜱侵害时剧痒、不安，且局部组织水肿、出血、皮肤增厚。当大量虫体长期寄生时即可引起家畜身体衰弱、发育不良、贫血、产奶量下降。

2. 防治　对牧场采取划区轮牧。有条件的可采取焚烧或喷洒杀虫剂的方法消灭虫蜱。此外，还可采取生物学防治方法。对羊只和圈舍进行药物杀蜱是防蜱的有效方法。定期对羊体表和圈舍用敌百虫、溴氢菊酯、精制马拉硫磷溶液（除癞灵）等进行药浴和喷洒，夏季每 10 d 1 次。

3. 注意事项　①对羊只体表药浴杀蜱要根据说明书进行，采用合适的浓度，以防止羊只中毒；②无论是涂擦还是药浴都应用小群弱羊进行试验，如无不良反应，再大群涂擦或药浴，以防中毒；③对羊体表杀蜱要全群开展，以防止交叉感染；④有外伤的羊禁止体表杀蜱；⑤对圈舍杀蜱要与对羊体表杀蜱同时进行。

五、羊鼻蝇蚴虫病

羊鼻蝇蚴虫病是由羊鼻蝇蚴虫引起的一种慢性鼻炎及鼻旁窦炎的疾病。

1. 症状　羊鼻蝇蚴虫向鼻腔内爬行时，可使鼻腔发生炎症。在蚴虫附着的地方，形成小圆形凹陷及小点出血。主要表现为流出大量清、稠鼻汁，有时混有血液，磨牙，打喷嚏，用鼻端在地上摩擦，咳嗽。当蛆虫爬入额窦不能返出时，可刺激额窦发炎，病羊出现不安、乱走、狂躁、旋晕等症状。

2. 诊断　主要通过症状做出诊断。尸体剖检时额窦内可发现虫体。

3. 预防　夏季每 10～15 d 用溴氢菊酯 10 mg/kg（以体重计），鼻孔喷雾驱虫。当虫体进入额窦时，治疗非常困难，须做颅腔手术。

第五节　新疆山羊常见普通病的预防与控制

一、新疆山羊疾病预防的一般管理

（一）圈舍卫生

羊舍、羊圈、场地及用具应保持清洁、干燥，每天清除圈舍、场地的粪便及污物，将粪便及污物堆积发酵，30 d 左右可作为肥料使用。

饲草应保持清洁、干燥，不能用发霉的饲草、腐烂的饲料喂羊；饮水也要清洁，不能让羊饮用污水和冰冻水。及时清除羊舍周围的杂物、垃圾及乱草堆等，填平死水坑，定期开展杀虫灭鼠工作。

（二）定期消毒

消毒是贯彻"预防为主"方针的一项重要措施。其目的是消灭传染源散播于外界环境中的病原微生物，切断传播途径，阻止疫病继续蔓延。羊场应建立切实可行的消毒制度，定期对羊舍（包括用具）、地面土壤、粪便、污水、皮毛等进行消毒。

1. 羊舍消毒　一般分两个步骤进行，第一步先进行机械清扫；第二步用消毒药消毒。常用的消毒药有 10％～20％石灰乳、10％漂白粉溶液、0.5％～1.0％二氯异氰尿酸钠、0.5％过氧乙酸等。消毒方法是将消毒液盛于喷雾器内，先喷洒地面，然后喷墙壁，再喷天花板，最后再开门窗通风，用清水刷洗饲槽、用具，将消毒药味除去。一般情况下，羊舍消毒每年可进行 2 次（春、秋季各 1 次）。产房在产羔前应进行 1 次，产羔高峰时进行多次，产羔结束后再进行 1 次。在病羊舍、隔离舍的出入口处应放置有消毒液的麻袋片或草垫。消毒液可用 2％～4％氢氧化钠、1％复合酚（菌毒敌）（对病毒性疾病），或用

10％克辽林溶液（对其他疾病）。

2. 地面土壤消毒　土壤表面可用10％漂白粉溶液、4％福尔马林或10％氢氧化钠溶液消毒。停放过芽孢杆菌所致传染病（如炭疽）病羊尸体的场所，应严格消毒，首先用上述漂白粉溶液喷洒地面，然后将表层土壤掘起30 cm，撒上干漂白粉，并与土混合，将此表土妥善运出掩埋。

3. 粪便消毒　羊的粪便消毒方法有多种，最实用的方法是生物热消毒法，即在距羊场100～200 m外的地方设一堆粪场，将羊粪堆积起来，上面覆盖10 cm沙土，堆放发酵30 d左右，即可用作肥料。

4. 污水消毒　最常用的方法是将污水引入处理池，加入化学药品（如漂白粉或其他氯制剂）进行消毒，用量视污水量而定，一般1 L水用2～5 g漂白粉。

（三）药物预防

药物占饲料或饮水的比例是：磺胺类药，预防量0.1％～0.2％，治疗量0.2％～0.5％；四环素类抗生素，预防量0.01％～0.03％，治疗量0.03％～0.04％。一般连用5～7 d，必要时也可酌情延长。抗菌增效剂有三甲氧苄氨嘧啶（TMP）和二甲氧苄氨嘧啶（DVD，又称敌菌净），按1∶5的比例与磺胺药混合使用，可使磺胺药的抗菌效力提高数倍至数十倍。三甲氧苄氨嘧啶和磺胺药的复方制剂如复方磺胺嘧啶（SD－TMP）和复方新诺明（SMZ－TMP）等，对多种传染病有良好的疗效。内服量，羊每千克体重每次用20～25 mL，1 d 2次。

二、新疆山羊疾病的一般检查

（一）判断羊是否患病

饲养管理人员平时应注意观察羊只行为变化，远观一般观察羊的肥瘦、步态、姿势，近观主要观察被毛、皮肤、黏膜、食欲、粪便、呼吸、体温的变化等，以确定羊是否有病，并及时诊治。

1. 肥瘦　与同群其他羊相比身体过于瘦弱，则需要进一步诊断。

2. 步态　健康羊步态活泼而稳健；病羊则行动不稳，或不愿行走。

3. 姿势　观察羊只的举动是否与平时一样；如果不同，就可能是有病的表现。

4. 被毛　健康羊的被毛整齐且不易脱落，富有光泽；而在患病状态下，被毛粗乱蓬松，失去光泽，容易脱落。

5. 皮肤　健康羊的皮肤富有弹性。观察羊只皮肤的颜色及有无被毛脱落，皮肤是否变厚变硬，是否有水肿、发炎、外伤等。

6. 黏膜　健康羊的黏膜呈光滑的粉红色。如果可视黏膜发红，则可能体温升高，体内有发炎的地方；如果黏膜发红并带有红点、血丝或呈紫色，可能是由中毒或传染病引起的。

7. 食欲　羊吃草或饮水量突然增多或减少，或喜欢舔泥土、吃草根，就可能是有病的表现，或可能是慢性营养不良，如维生素或微量元素缺乏等。如果反刍减少、无力或停止，则表示羊的前胃有病。有时羊不进食可能是由口腔疾病引起的，如喉炎、咽炎、口腔溃疡、舌有损伤等。

8. 粪便　羊粪有特殊臭味，多见于各种肠炎；若粪便内有大量黏液，则表示肠道有卡他性炎症；若粪内有完整的谷粒或纤维很粗，则表示消化不良；若混有寄生虫或寄生虫节片，则表示体内有寄生虫。

9. 呼吸　正常羊每分钟呼吸 12～20 次，呼吸次数增多见于热性病、呼吸系统疾病、心脏衰弱、贫血、腹内压升高等；呼吸次数减少，主要见于某些中毒、代谢障碍、昏迷等疾病。

10. 体温　宜用体温表测量。给羊测体温时，先把体温表的水银柱甩至 36 ℃以下，再涂上油或水后，慢慢插入肛门里（体温表的 1/3 留在肛门外），待 2～5 min 后取出体温表读数。山羊的正常体温是 37.5～39.0 ℃，羔羊比成年羊要高 1 ℃。如暂时没有体温表，也可用手摸耳朵根或把手伸进羊嘴握住舌头，可以知道羊是否发热。

（二）羊只保定

在给羊体检、灌药时，需进行适当保定。常用徒手保定，骑跨在羊身上，用两腿夹住羊的前胸部，一手抓住羊角，另一手托住下颌。

（三）常规的药物消毒方法

用于消毒的药品很多，根据用途不同可分为环境消毒药，皮肤、黏膜消毒药和创伤消毒药等三类。

1. 环境消毒药　将 30％的草木灰煮沸，过滤取上清液即可作为环境消毒药。生石灰一般配成 10% 石灰乳使用。漂白粉一般以其粉末或 5% 溶液消毒厩舍、地面、畜栏、排泄物。一般用氢氧化钠 2%～5% 的水溶液消毒用具、环境、车、船等。碳酸一般用 1% 水溶液消毒。百毒杀及其他消毒剂可根据说明书使用。

2. 皮肤、黏膜消毒药　常用 70%～75% 的乙醇、2%～5% 的碘酊、0.05%～0.1% 的新洁尔灭进行皮肤黏膜消毒。

3. 创伤消毒药　龙胆紫常与结晶紫一起配成 1%～3% 的水溶液使用，在烫伤、烧伤、湿疹等处使用。过氧化氢配成 3% 的溶液使用，冲洗污染创口或化脓创口。常用 0.1%～0.5% 的高锰酸钾溶液冲洗创伤。

（四）注射方法

包括皮下注射、肌内注射、静脉注射。注射的关键问题是消毒、操作准确。消毒是指注射器、针头和注射部位的消毒；操作主要是指注射部位的选择、排出注射器内的空气、准确熟练地掌握操作要领。

1. 皮下注射　选择皮肤疏松部位，如颈部两侧、后肢股内侧等。用一只手提起注射部位的皮肤，另一只手持已吸好药液的注射器，以倾斜 40° 的角度刺入皮肤下方，回抽针芯不回血即可注入药物。注射前，注射部位要用酒精棉球或碘酒棉球消毒，注射后用干棉球压迫止血。

2. 肌内注射　选择肌肉丰满的部位，如两侧臀部或肩前颈部两侧。将注射部位剪毛、用酒精棉球或碘酒棉球消毒，然后将药液吸入注射器，排出空气，将针头垂直刺入肌肉，抽动针管不见回血即可注入。注射完毕后用干棉球压迫止血。

（五）投药方法

以口腔投药为主。根据治疗要求也可从肛门等处投药。

1. 片剂、粉剂投药方法　口腔投药要将片剂、粉剂装入投药器内，由口腔插到病羊舌根处，推动活塞，药物即由舌根吞咽而进入胃内。或者将药物压碎放入一长颈瓶内，加适量水后，从病羊口角灌服。投药不能过快过猛，并应避免投入或呛入气管。其他部位投药也需要注意尽量不伤害羊只。

2. 水剂投药法　用胶管接漏斗投药，由一人固定病羊，另一人将粗细适当的胶管插入口中，用手紧握胶管和口腔，胶管的另一端接漏斗，再将药液倒入漏斗，即可徐徐灌入胃肠。投药注意事项同片剂、粉剂投药方法。

第六节 新疆山羊疫病防控制度

在饲养管理中，防病重于治病，应科学地饲养管理，改善饲养环境，严格执行卫生和防疫制度，减少疾病的发生。

一、传染病防控制度

对国家已公布的山羊疫病实行强制性预防接种。

对本地区、本单位其他流行性传染病及寄生虫病要进行统一防治，防治密度要达到100%，不留死角。

各县、乡、种羊场根据本地传染病的流行情况，选择和使用疫苗及药物。

各类疫苗按照兽医站主管部门的规定统一购买，应严格执行其保存、运输、注射剂量要求。

首次使用一种疫苗，要先进行小批量试验，确定安全有效后，方能进行大面积推广使用。

对怀疑患有国家强制性免疫疫病及其他流行性疫病时，要及时确诊、隔离和上报当地政府。

对确诊患有口蹄疫、蓝舌病、羊痘和炭疽病羊进行扑杀，对尸体进行焚烧和深埋处理；对疫区进行隔离、封锁、消毒，对疫区和受威胁区内的健康羊进行紧急预防性接种。

对已经隔离的病羊，要及时进行药物治疗。隔离场所禁止人、畜出入和接近，工作人员出入应遵守消毒制度。隔离区内的用具、饲料、粪便等未经彻底消毒不得运出。

解除封锁的时间为：最后一只病羊死亡或疫病扑灭后14 d内不再出现新病例，经全面消毒，动物防疫机构审验合格后，当地兽医行政管理部门可向发布封锁令的人民政府申请解除封锁。

对某种传染病和寄生虫病疫区的防疫，要连续3年进行免疫预防接种和预防性驱虫。停止预防后2年内未见新病例发生，经上级主管部门验收后，可定

为该病非疫区。

对本地区发生和流行过的传染病、寄生虫病，要进行监测。一旦复发，应恢复对该病的防疫。执行好疫病防控的登记备案制度。对进、出各县或种羊场的羊只，要进行产地检疫，并按《中华人民共和国动物防疫法》有关规定进行检疫和处理。

二、寄生虫病防控制度

寄生虫病分为体内寄生虫和体表寄生虫，都具有常发性、接触传染性，应做好每年的定期预防驱虫工作。在选择各类防疫防治药品时，应选用高效、低毒、低残留的药品，使用时严格按照使用说明实施操作。对抗寄生虫药物的使用，应采用交替用药的方法，即一种药物使用3～4年后，更换一次，以避免产生抗药性。使用新药时，要先进行小批量试验，确定安全有效后，方能进行大面积推广使用。加强对圈舍卫生环境管理，保持圈舍通风、干燥，经常清除圈舍粪便，并进行堆积发酵处理，以预防寄生虫病的传播。

每年在入冬前、转场前、舍饲、育肥前对羊的体内寄生虫进行驱虫，并严格做好驱虫后1周内粪便的收集、处理工作，避免羊只再次接触到驱出的有虫卵粪便，防止二次感染。每年定期实施2次以上对体外寄生虫的防治，即梳完绒后第1次药浴、入冬前或转入冬草场前第2次药浴，以及冬季圈养虱病的防治。

对患疥癣病羊要进行隔离治疗。

多头蚴病（包虫病）羊，用硫双氯酚，70～75 mg/kg（以体重计）；或氢溴酸槟榔素，1.5～2.0 mg/kg（以体重计），包在食物内喂服。驱虫期间应拴养1周，并将粪便深埋。

不得随便丢弃病羊、内脏及羊头，不准用未经煮熟的内脏喂犬，对有包囊的内脏必须深埋或焚烧。

三、疫病防控推荐程序示例

各县、乡、种羊场根据每年的本地传染病和寄生虫病流行情况，制订适应当地的疫病防治程序。动物防疫监督机构要参与疫病防治程序的制订、实施和督查。推荐本地传染病和寄生虫病预防程序见表8-3。

表 8-3　本地传染病和寄生虫病预防程序

疫病防疫防治项目	建议实施日期	建议药品	使用方法	备注
体表寄生虫	3月10—15日	敌百虫、吡喹酮	40~80 mg/kg（以体重计），一次/d，连用3~5 d，内服	
炭疽	4月20日至5月20日	无毒炭疽芽孢苗和第Ⅱ号无毒炭疽芽孢苗	颈部皮下0.5 mL	
口蹄疫	5月1—20日	口蹄疫灭活疫苗	皮下或肌内注射1 mL，羔羊减半	
羊痘	5月10—25日	羊痘鸡胚化弱毒疫苗	股内侧皮下注射0.5 mL	
抓绒后药浴	6月18—25日	二嗪农溶液、胺丙畏	按标签说明使用	
秋季药浴	8月15—25日	二嗪农溶液	按标签说明使用	
转场前体内驱虫	9月10—15日	伊维菌素、阿维菌素、丙硫苯咪唑	按标签说明使用	
口蹄疫	10月1—10日	口蹄疫灭活疫苗	按标签说明使用	
快疫、羔痢、猝狙、肠毒血症、黑疫	11月1—10日	羊厌气菌五联菌苗	皮下注射或肌内注射5 mL	
冬季体内驱虫	12月15日至翌年1月15日	伊维菌素、阿维菌素	按标签说明使用	

注：各县、种羊场根据本地传染病和寄生虫病的流行情况，选择和使用疫苗及抗寄生虫药物。

四、对畜牧兽医工作人员的基本要求

（1）随身携带或能方便获取常规必备品，如常用消毒剂、不同规格的注射器和针头、常规治疗用药、酒精灯、75％乙醇、5％碘酒、工作服、口罩、乳胶手套、雨鞋、生物显微镜、液氮罐、消毒锅、常用麻醉剂、手术器械、人工授精器械等。

（2）有条件的单位应配备电脑和快速出诊交通工具，提高管理水平。

（3）兽医人员必须掌握的基本操作有以下几方面：掌握用药剂量的计算方法和投药方法；掌握炭疽、口蹄疫及国家规定的其他传染病的常规诊断和处理方法；掌握疫苗的保存和使用方法；能够鉴别常见的原虫、线虫、吸虫、绦虫、绦蚴以及虱等体内外寄生虫。

第九章
新疆山羊羊场建设与环境控制

第一节　新疆山羊羊场选址与建设

新疆山羊分布的地域很广，从新疆最北的阿勒泰山区到最南的昆仑山脉都有。这些区域的气候差异很大，经济基础也不尽不同。新疆山羊羊舍的建筑及其设施，应根据地区特点、饲养目的、羊的生物特性及经济条件进行规划和设计。其原则是应有利于新疆山羊的生长发育，有利于清洁卫生、防病治病，一些区域还要考虑防狼害；另外，要考虑有利于积肥。在经济基础较薄弱的地区，可利用空地就地取材，新建或改建简易的专用羊舍。现有的新疆山羊，耐粗饲、耐跋涉、耐寒、耐旱，在新疆大多数地方以放牧为主。随着经济的不断发展和科学的进步，从长远来看，羊舍建筑必将向机械化和自动化方向发展。

一、常规羊舍建设技术

1. 场址的选择　场址的选择是关系到新疆山羊养殖成败和经济效益好坏的重大问题，所以选择场址除考虑与饲养规模基本相适应的饲养基础外，还要符合山羊的生活习性及当地的社会条件和自然条件。

俗话说："水马旱羊"，这句话同样适用于新疆山羊。新疆山羊性喜干燥，不喜潮湿。圈舍潮湿，容易引发寄生虫病和腐蹄病，蹄甲会长。因此，较为理想的场址为地势高、燥、平坦，建造羊舍的场地，要求地势较高、地下水位应低于 1.5 m 以下的沙质土壤，且舍外运动场具有 5°～10° 的小坡度。这种场地排水良好，避免地表积水，舍内舍外容易干燥，符合羊喜干厌湿的生活习性。在山区则应选择背风向阳，较宽敞的缓坡地建场。土质黏性过重，透水、透气性差，不易排水，不适于建场。凡低洼、山谷、背阴的地方都不宜选建羊场。

羊舍建设的类型，可以根据具体的气候条件、饲养要求、建筑场地、建材选用、传统习惯和经济实力等条件而定。

2. 羊舍面积　新疆山羊羊舍面积的大小以羊生产方向、性别、年龄、生理状况、气候条件等因素的不同而有差异。通常要求新疆山羊最小的羊舍面积为：种公羊 1.5～2 m²，母羊 1～1.2 m²，春季产羔母羊为 1.2～1.5 m²，冬季产羔母羊为 1.4～2 m²，育成羊为 0.8～1.0 m²，3～4 月龄的羔羊为 0.5 m²。在公羊、母羊、羔羊混群饲养时，其只平均占有面积至少为 1.2～1.5 m²。低纬度地区的羊舍面积要比高纬度地区的羊舍面积略大。根据新疆养殖场（户）的养殖经验，运动场面积一般为 5～10 m²。

3. 羊舍门窗高度、通风与采光　羊舍门窗的高度与面积不仅影响羊舍的防暑、防寒性能，而且影响羊舍的通风和采光效果。一般羊舍的高度为 2.5～3.0 m，羊舍的门窗应朝阳，门的宽度不小于 1.5 m（羊群大时可适当放宽到 2～2.5 m）。窗户距地面的高度不低于 1.5 m，窗户的总面积与羊舍的地面比为 1∶15。窗户分布要均匀，以保证有良好的采光与通风效果。

在新疆昌吉州和塔城等地实验了常年长绒圈舍，窗户需要遮光，屋顶和墙体需要安装通风设施。墙体安装通风设施时，一般可以选择遮光的 S 形通风管，下通风口距离地面 15 cm。

圈舍可以使用传统的砖木，也可以使用安全环保的新型建筑材料建造。

4. 羊舍地面的处理　地面的处理对于新疆山羊很重要。羊舍地面有实地面、漏缝地面和木质地面等几种。在新疆目前多数养殖新疆山羊的地区，多选用实地面；一些有实力想打造高产产品的企业，选择了漏缝地面。

（1）实地面　实地面通常采用的结构有黏土、三合土（黏土∶石灰∶碎石的比例为 4∶1∶2）、三七混土（白灰∶黏土的比例为 3∶7）、砖地、水泥地等。但对农户而言，黏土和三合土、三七混土比较实用和廉价，对保护羊蹄和防止羊舍潮湿有好处。砖地也较实用，比较容易清洁，也比较耐用。水泥地面对羊蹄和防止羊舍的潮湿都不利，尽量不要采用，如果确实要用，也应该适当打毛地面，以防太滑。

（2）漏缝木质地面　饲养新疆山羊很干净，羊病少。用木材做的漏缝地面，其木条的宽度为 30～40 mm，木条的厚度为 30～35 mm，缝隙的宽度为 15 mm。漏缝木板离地面的高度根据实际情况而定，有的地区漏缝木板离地面

15～20 cm，隔一定时间进行一次清扫。有的地区漏缝木板离地面的高度为 1～1.5 m，在漏缝木板下面可用刮粪机刮粪。

新疆山羊喜欢用头角顶撞、摩擦树干、墙体等。不太喜欢平地。蹄质较硬，喜欢在石头等上面跳跃攀爬。长期在软土地上养殖，蹄子很快会变形。可以在圈舍的运动场中保留或者建设土堆石堆，供新疆山羊跳跃攀爬。

5. 墙壁构建　新疆山羊羊舍多采用土墙、砖墙、木墙和水泥墙。近来也有一些用有机材料等新材料建造的墙，不仅造价低，而且比较坚实耐用。在满足安全的前提下，也可以使用。

6. 屋顶结构　屋顶的作用主要是防雪、防雨、隔热、防寒，同时也兼部分通风等功能。所使用的材料有彩钢、陶瓦、石棉瓦、木板、水泥、炉灰渣、阳光板等。屋顶可以采用双坡式、单坡式和平顶式等。

（1）房屋式羊舍　房屋式羊舍是羊场和农民普遍采用的羊舍类型之一。主要为砖木结构。屋顶有双面起脊式、单面起脊式和平顶式 3 种。羊舍坐北朝南居多，但是双列养殖的也有采用东西走向的，主要是两侧都能有阳光照射。呈长方形的布局，前面有运动场和饲槽。

（2）棚舍式羊舍　棚舍式羊舍适宜在南疆气候温暖的地区使用。特点是造价低、光线充足、通风良好。夏季可作为凉棚，雪雨天可作为补饲的场所。这种羊舍三面有墙，羊棚的开口在向阳面，前面为运动场。羊群冬季夜间进入棚舍内，平时在运动场过夜。

（3）塑料大棚式羊舍　塑料大棚式羊舍是将房屋式和棚舍式羊舍的屋顶部分用塑料薄膜或阳光板代替而建设的一种羊舍，主要适用于冬季和夏季温差较大的区域，主要是一些养殖户使用，羊场较少使用。

（4）高床式羊舍　高床式羊舍主要是采用漏缝地板的羊场使用。羊在漏缝地板上休息、活动，可以达到清洁、通风、防热、防潮的目的。

7. 运动场的建设　运动场的作用主要是保证羊在一定的范围内活动或运动，提供羊采食饲草、饲料和饮水的场所。运动场的面积一般是羊舍面积的 2 倍。运动场应平坦，最好采用砖地面。在运动场内要建凉棚和饲槽。

二、塑膜暖棚饲养

塑膜暖棚饲养主要在新疆冬寒夏暑、缺少煤炭等取暖材料的地区使用，夏天热可以揭掉薄膜，冬天冷可以铺上薄膜，可以利用太阳的光能使羊舍的温度升高，又能保留羊体产生的热量，使羊舍内的温度保持在一定范围内，具有经济适用、采光保温性能好的特点。可以提高羊的饲料利用效果，提高羔羊成活率，降低流产率。

新疆北方地区冬季寒冷漫长，采用传统的敞圈饲养，圈内外温度相同，饲料消耗多，饲养周期长，生产性能低，导致饲养成本增加，经济效益低下。据文献报道，塑膜暖棚能显著提高棚舍温度，而且湿度也符合卫生标准要求。在新疆北疆寒冷季节（11 月至翌年 2 月）塑膜暖棚舍内最高温度为 4.0～12.0 ℃，最低温度为－9.1～－4.0 ℃，分别比外界提高 5 ℃左右和 12 ℃左右。可以看出，塑膜暖棚羊舍适合养殖新疆山羊。

1. 舍址的选择

（1）塑膜暖棚应尽量选择在地势高燥的地方，同时还考虑便于防疫、交通、水源充足、水质良好、避开风口等因素。既要有利于防止舍外积水流入舍内，又要便于舍内积水排出舍外。有条件的羊场，粪尿沟可以设在地下，通过暗道排到舍外粪池内。

（2）塑膜暖棚畜舍，单侧养殖可以以坐北朝南为主，双侧养殖可以以东西走向为主，但南偏西或偏东角度不宜超过 15°。

2. 合理设置通风换气口　塑膜暖棚的排气口可以设在棚顶部的背风面。新疆山羊羊场多采用方形排气口，每个排气口的大小在 0.05 m² 左右，一般每隔 3 m 设置 1 个。最好设置烟囱结构。排气口的顶部要设置防风帽，面积要大于烟囱结构的 1 倍以上，以防止冷风和雨、雪灌入。由于羊场空气湿度较大，通风口很容易结冰或者向下滴水。新疆山羊耐寒能力较好，休息时会主动避开通风口，天热时会自动选择在通风孔处休息，但是妊娠母羊或病羊怕贼风。

3. 塑膜的选择　应选用光透过率较高而对地面长波辐射率较低的塑膜或者阳光板。采用双层塑膜覆盖的暖棚，温度可比单层塑膜暖棚提高 3～5 ℃，并且温差小，舍温稳定，两层塑膜间的距离以 10 cm 左右为宜。塑膜的厚度以 80～100 μm 为宜。

4. 棚舍的入射角及塑膜的坡度　棚舍的入射角是指塑膜的最顶部与地面中央一点的连线和地平面间的夹角，要大于或等于当地冬至正午时的太阳高度角。塑膜的坡度是指塑膜与地面间的夹角，应控制在 55°～60°，这样可获得较高的透光率。

5. 塑膜暖棚的构造　采用单列式半拱圆形塑膜暖棚，坐北朝南，棚舍中梁高 2.5~3.0 m，后墙高 1.7 m，前沿墙高 1.1 m，后墙与中梁之间用木椽搭棚，中梁与前沿墙之间用竹片搭成弓形支架，上覆盖棚膜，棚舍前后跨度 6 m，左右宽 10 m，中梁垂直地面与前沿墙距离 2~3 m，棚舍山墙留高约 1.8 m、宽约 1.2 m 的门，供羊只和饲养人员出入，距离前沿墙基 5~10 cm 处留进气孔，棚顶留排气百叶窗，排气孔数量是进气孔的 1.5~2 倍，棚内沿墙设补饲槽、产仔栏。

6. 塑膜暖棚的管理　塑膜与墙和前坡的结合部，要用泥封严。新疆很多地方风雪比较大，要将塑膜绷紧，并固定，防止被风刮掉。下雪时，应及时清除塑膜表面的积雪。当塑膜出现漏洞时应及时修补。

夜晚没有太阳辐射，为增强保温效果应将草帘依次覆在塑膜表面，白天将其卷起来固定在棚舍顶部。要定期擦拭塑膜，及时去掉塑膜表面的水滴或冰霜。

棚舍内中午温度最高，并且舍内外温差较大，因此通风换气应在中午前后进行。这样既有利于通风换气的进行，又不至于使舍内温度下降到过低的程度。每次通风换气的时间以 10~20 min 为宜。随着畜禽的生长发育，逐渐增加通风时间。通风的次数可以根据圈舍内的气味、湿度等来确定。

对于特别寒冷的地区和采用单层膜的棚舍，可采用电热板或通过火炉、火墙等方式来补充热能，在暖棚内养羔羊，应单设一个羔羊室。

新疆北方地区利用塑料暖棚的时间一般为每年的 10 月至翌年 3 月。刚扣棚时，由于气温不太低，打开通风换气口的时间应相对长些。到 3—4 月，气温逐渐上升，应逐渐增大揭棚面积，不要一次性将塑膜全部揭开。同时，要注意早、晚天气变化。新疆较为干旱，夏季防雨的任务较少。因此，大多数羊场较少为防雨做相关准备。但是有条件的，还是可以考虑夏天防雨的工作。

由于内外环境温差较大，易在塑料暖棚膜内面形成水汽，造成圈舍湿度增大，也常有滴水发生。羊只会自己回避滴水区域。为控制圈舍的湿度，通常采用以下几种管理措施：一是及时清除湿度较大的垫料，保持圈舍相对干燥；二是通过开门窗通风或者留小口，适当地调控室内的温湿度，防止有较大的水汽形成。

第二节　新疆山羊羊场设施设备

一、饲养设施

（一）饲槽

饲槽主要是在饲喂羊精饲料、颗粒状饲料、青贮饲料、青草和干草时使用。

制作饲槽的材料非常多，新疆地区木头多，很多养殖场（户）都使用木头饲槽，有的用水泥、砖砌成固定式饲槽。近年来，还有塑料材料的饲槽。饲槽一般上宽下窄，既方便羊采食，也方便清理。一般会在槽的边缘或者上方用钢筋做成护栏，防止羊踩进饲槽，以免饲料受到粪尿污染。

（二）水槽

在羊的运动场中间可以设固定式的水槽或放置水盆，供羊饮水用。近年来，已经有很多牛羊用的自动饮水槽。基本要求也是材料无味，便于清洁。

（三）活动羊栏

1. 产羔栏（母仔栏）　产羔期间，为了对产羔母羊进行特殊护理，增加母仔感情，提高羔羊的成活率，经常使用母仔栏。母仔栏多用木板制作，也可用钢筋焊制而成。每块围栏高 1 m，长 1.5 m，使用对靠墙围成 1.2~1.5 m² 的小栏，放入 1 只带羔母羊。一般母羊在产羔栏内饲养 7 d，以使母羊完全认羔。

2. 羔羊补饲栏　羔羊补饲栏专门用于羔羊补饲。可在羊运动场内用几个围栏围出一定的面积，在围栏内对羔羊进行补饲。围栏应用钢筋焊制而成，钢筋间的间距为 10~15 cm，使羔羊可以自由出入，而大羊不能进入。

3. 分隔栏　主要用于羊的驱赶、捕捉等。近年来，随着劳动力成本的不断上升，很多地方愿意使用自动化程度比较高的分隔栏，一般用于打耳标、鉴定、修蹄等。

（四）草架

新疆山羊嗅觉灵敏，视觉也很发达，喜吃干净饲草。踩踏过的饲草一般不吃。利用草架喂羊，可避免羊踩踏饲草，减少浪费。

草架的形式有多种，有靠墙固定单面草架和两面联合草架，有的地区还利用石块砌槽、水泥勾缝、钢筋作隔栏，修成草料双用槽架。草架设置长度，成年羊每只 30～50 cm，羔羊每只 20～30 cm，草架隔栏间距以羊头能伸入栏内采食为宜，一般为 15～20 cm。

（五）药浴池

为了防治疥癣及其他体外寄生虫，每年要定期给羊群药浴。药浴池一般用水泥筑成，长沟状。池深约 1 m，长 10 m 左右，底宽 30～40 cm，上宽 50～60 cm，以一只羊能通过而不能转身为度。药浴池入口一端筑成陡坡，在出口一端筑成台阶，以便羊只行走。在入口一端设有羊栏或围栏，羊群在内等候入浴，出口一端设滴流台。羊出浴后，在滴流台上停留一段时间，使身上的药液流回池内。滴流台用水泥修成。若无条件，可用水缸或大口锅药浴。

目前市场上也有移动或者固定的淋浴式药浴设备销售。

（六）配套加工机械

收获机械（牧草和秸秆的收获机械）可根据用户实际选用，可使用与四轮拖拉机配套的割草机、搂草机、压捆机、垛草机等。加工机械包括铡草机、粉碎机、揉搓机等。

漏缝地面一般还配有刮粪机。羊场一般还需要无害化处理的焚烧设备。

（七）储粪场（池）

储粪场应设在生产区的下风向处，与生活区保持 200 m、与生产区保持 100 m 的卫生间距，并应便于将粪便运往农田。定期将羊舍内的粪便清除，运往储粪场堆放，利用微生物发酵腐熟，作为肥料出售或肥田。也可利用羊粪生产有机复合肥料。目前，由于有机食品、绿色食品的兴起，市场对羊粪有机肥需求量很大，需要配套有机肥加工设备，还有很多粪污除臭以及有机肥加工的设备。

（八）绿化带场界林带的设置

场区隔离林带的设置，主要用以分隔场内各区、防风沙及防火。场界周边种植乔木和灌木混合林带。如属于乔木的小叶杨、旱柳、垂柳、榆树、沙枣等，新疆很多地方喜欢种植果树。宽度 10 m 以上。

林带在一定程度上还有防止臭味传播的作用以及减少噪声、美化环境的作用。

二、常用的养羊机械设备

机械化是新疆山羊羊场的发展方向。用机械装备改善养羊生产过程中各作业环节的生产条件，大幅度提高劳动生产效率，保证养羊业生产稳定、优质、高效和高产。常用的主要有：

1. 饲草料种植配套机械　有农用动力机械（拖拉机）、土壤耕作机械、种植机械、排灌机械、施肥机等。

2. 草原建设机械　有牧草补播机、畜群围栏设备（铁丝围栏和电围栏）和毒饵撒播机等。

3. 牧草收获机械　有旋转式割草机、指盘式侧向搂草机、畜力集草器、畜力垛草机、卷捆机、切割压扁机、草料摊晒机。

4. 饲草料加工设备　有玉米收割机、饲料粉碎机械、揉草机、铡草机、饲料混合机、颗粒饲料机、草饼机等。新疆南疆棉花秸秆很多，专门用于棉花秸秆揉丝粉碎的机械也很多。

5. 圈舍除粪及粪便处理机械　刮粪机或者小型的铲车等，都是羊场常用除粪设备。

目前环保要求越来越高，因此粪污除味、粪污除湿、粪污粉碎加工等设备很多。此外，养殖废水处理的设备也很多。

6. 羊圈环境控制设备　一般需要配备供暖设备、通风设备、降温设备、废水处理及废弃物处理等设备。

7. 畜禽疫病防治设备　一般需要配备连续注射器、去势器、气雾免疫机（是防治牧区疫病流行的机械）、全自动药浴器械（有淋浴式和浸泡式两种）、流动防疫车（用汽车底盘改装而成，车内装设电冰箱、电热恒温箱、电热恒温水浴锅、无菌操作箱、电动离心沉淀机、高压蒸汽消毒锅、生物显微镜、天平、气雾免疫机、汽油发电机组、工作台和座位等，相当于一个流动防疫站或兽医站和实验室，可运载数名防疫或兽医人员及时赶赴疫区，对牲畜进行诊断、防治）、舍养畜禽防疫用的各种高效喷雾机、弥雾机和烟雾机等。

8. 羊衣　山羊穿衣技术是近年来新疆维吾尔自治区畜牧科学院等科研单

位发明的一种可以提高新疆山羊产绒量和净绒率的新技术。新疆山羊羊衣一般由高密度聚乙烯材料制成。在高寒牧区,山羊营养大部分用于维持体温,用于产绒的能量相对不足。穿羊衣可以起到保暖作用,减少维持体温的耗能,变相地帮助新疆山羊提高产绒量。

其次,在新疆山羊放牧过程中,有许多蒺藜、苍耳等带刺植物,每年脱绒季节部分羊绒被蒺藜等灌木挂走,给新疆山羊穿上这种衣服,可以减少风沙、草渣的污染,还可提高净绒率。大量试验和应用证明,使用羊衣投入少,见效快,效益高,在优质新疆山羊生产中价值极大(图9-1)。

图9-1 羊 衣

9. 便携式兽用称重架 羊场为了提高管理水平,需要定期检查羊的体重增长情况。此外,育种工作中,也需要对羊体重进行称量。但是传统的称量方法固定羊比较困难,称量过程中也容易出现羊脱逃损坏秤的情况。新疆维吾尔自治区畜牧科学院发明了便携式兽用称重架,该设备便于携带和固定。

10. 畜牧业运输机械 运输各种饲料、羊只、畜产品、畜禽粪和其他废料等,常使用各种专用的运输车或挂车,经过改装的农用运输车或农用挂车的车厢也可使用。主要包括叉车、牧草装运机械、畜禽运输车、羊奶运输车、运粪车、厩液罐车、配合饲料运输车等。

第三节 新疆山羊羊场环境控制

一、环境参数与调控方法

(一)温度

根据有关研究资料,新疆山羊最适宜的抓膘气温为14~22℃。掉膘极端低温为-5℃以下,掉膘极端高温为25℃以上。冬季产羔舍内最低温度应保持在8℃以上,一般羊舍在0℃以上,夏季不要超过25℃。

（二）湿度

不同资料表明，在生产中羊的防潮是一个重要问题，必须从多方面采取综合措施。如羊场应修建在地势高燥的地方，羊舍的墙基和地面应设防潮层，及时排出粪尿和污水以及勤换垫草等，保持羊舍内空气干燥。

（三）光照

羊舍要求光照充足。采光系数，成年羊为 1∶（15～25），高产羊为 1∶（10～12），羔羊为 1∶（15～20）。一般来说，适当降低光照度，可使增重提高 3％～5％，饲料转化率提高 4％。光照的连续时间也影响生长和育肥。

常年长绒技术养殖的新疆山羊，可以实现全年长绒，但是需要严格控制光照。

（四）有害气体

新疆山羊羊场的圈舍因为养殖密度相对大，容易遇到有害气体危害问题。其中，氨和硫化氢是主要有害气体。氨主要由含氮有机物，如粪、尿、垫草、饲料等分解产生；硫化氢是由于羊采食富含蛋白质的饲料，消化机能紊乱时由肠道排出。一些圈舍为了取暖烧炉子，也容易产生一氧化碳。

为了消除有害气体，一是注意合理通风换气；二是及时清除粪尿，勤换垫草；三是加强检查。

二、羊场废弃物无害化处理

（一）羊场无害化处理制度

为了畜产品质量安全，保护人民身体健康，尽快彻底扑灭动物疫病，消灭疫源，规范养殖场无害化处理工作，保障养殖业生产安全，需要根据《中华人民共和国动物防疫法》《重大动物疫情应急条例》，制订羊场无害化处理制度。

（1）当养殖场的畜禽发生疫病并死亡时，必须坚持五不原则：不宰杀、不贩运、不买卖、不丢弃、不食用，进行彻底的无害化处理。

（2）每个养殖场都必须根据养殖规模在场内下风口，修一处无害化处理池，有条件的还应该配备无害化焚烧炉。市场上的焚烧炉一种是环保的，其燃烧后的气体排放均达标；另一种是非环保的。选择时需要注意。

（3）当养殖场发生重大动物疫情时，除对病死动物进行无害化处理，还应根据动物防疫主管部门的决定，对同群或染疫的动物进行扑杀，进行无害化处理。

（4）无害化处理过程必须在驻场兽医或上级防疫部门的监督下进行，并认真对无害化处理的畜禽数量、死因、体重及处理方法、时间等进行详细记录。

（5）无害化处理完后，必须彻底对其圈舍、用具、道路等进行消毒，防止病原传播。

（6）掩埋地应设立明显的标识，当土开裂或下陷时，应及时填土，防止液体渗漏和野犬刨出动物尸体。

（7）在无害化处理过程中及疫病流行期间要注意个人防护，防止人兽共患病传染给人。

（二）羊场废弃物无害化处理

羊养殖对环境的影响主要是羊粪、尿、尸体及相关组织、垫料、过期兽药、残余疫苗、一次性使用的畜牧兽医器械及包装物和污水等废弃物对环境的污染。羊无公害养殖场应积极通过废水和粪便的还田或者其他措施，对排放的废弃物进行综合利用，实现污染物的资源化，实现废水的再利用。

1. 废水的无害化处理　山羊养殖过程中产生的废水，包括清洗羊体和饲养场地、器具产生的废水。废水不得排入敏感水域和有特殊功能的水域。应坚持种养结合的原则，经无害化处理达标后，充分还田，实现废水资源化利用。严格防止在废水输送沿途出现弃、撒、跑、冒、滴、漏。

2. 粪便的无害化处理　为了防止粪便污染环境，充分利用粪便中丰富的营养和能量资源，应当采用干燥或发酵等方法对羊粪进行无害化处理。

粪便发酵处理时，可利用各种微生物的活动来分解羊粪中的有机成分，从而有效地提高这些有机物的利用率。在发酵过程中形成的特殊理化环境也可杀死粪便中的病原菌和一些虫卵。根据发酵过程中依靠的主要微生物种类不同，可分为充氧动态发酵、堆肥发酵和沼气发酵。堆肥是以粪便为原料的好氧性高温堆肥，处理后的粪便可作为优质的有机肥用于饲料和牧草等种植生产中。沼气发酵是以粪便为原料，在密闭、厌氧条件下的厌氧性消化，产生的沼气可供羊场使用，但是新疆山羊的粪便产生的沼气较少。

3. 病死羊尸体的无害化处理　病死羊尸体含有大量病原体，只有及时无害化处理，才能防止各种疫病传播与流行。严禁随意丢弃、出售或作为饲料。根据疾病种类和性质不同，按《畜禽病害肉尸及其产品无害化处理规程》（GB 16548—2006）规定，采用适宜方法处理病死羊尸体。

（1）销毁　将病羊尸体用密闭的容器运送到指定地点焚毁或深埋。对患危险较大的传染病（如炭疽、气肿疽等）的羊的尸体，应采用焚烧炉焚毁。对焚烧产生的烟气应采取有效的净化措施，防止烟尘、一氧化碳、恶臭等对周围大气环境造成污染。

不具备焚烧条件的养殖场应设置 2 个以上安全填埋井。填埋井应为混凝土结构，深度大于 3 m，直径为 1 m，井口加盖密封。进行填埋时，在每次投入病羊尸体后，应覆盖厚度大于 10 cm 的熟石灰。井填满后，须用黏土压实并封口。或者选择干燥、地势较高，距离住宅、道路、水井、河流及羊场或牧场较远的指定地点，挖深坑掩埋病羊尸体。

（2）化制处理站　将病羊尸体在指定的化制处理站加工处理，可以将其投入干化机化制，或将整个尸体投入湿化机化制。

第十章
新疆山羊产品初加工与市场开发

第一节　新疆山羊品种资源开发利用现状

一、山羊绒的生产利用

新疆山羊的主要产品是山羊绒和山羊毛。虽然山羊毛绒的总价值只占新疆山羊总产值中较小的一部分，但是每年都可以有收获，因此也是农牧民重要收入来源之一。做好山羊绒和山羊毛的分类、分级和贮藏，有利于提高其质量。而且，山羊绒毛是全程记录山羊健康状态和养殖水平的产品，分析山羊绒毛质量，还可为改善饲养管理和育种工作提供依据。

（一）新疆山羊粗毛的分类

新疆山羊的粗毛质量高，品质好，有光泽，弹性好，强度均匀。山羊粗毛一般可制作地毯、刷子、毡子、绳子等。

按照取毛方法可分成以下各类：

1. 活羊剪毛　是指从活羊身上剪下的粗毛。新疆山羊一般是在抓完绒以后再开始剪毛。新疆山羊普遍毛纤维比较长，富有弹性，光泽强。近年来，由于抓绒的劳动力成本不断上升（价格已经从 20 年前的 2 元/只，上涨到6～10元/只，甚至 20 元/只），剪毛的价格也涨到 506 元/只，但是山羊毛的价格比较低。因此，有的羊场在抓绒前贴毛绒的尖部，将毛梢剪下来，方便后道抓绒；等抓完绒后，过一段时间再剪下半截（俗称二剪毛）。像这样把一根毛剪成两截，其毛纤维较短，降低了使用价值。

2. 生皮剪毛　是从没经过熟制的生山羊皮上剪下的毛绒混合物。由于剪毛的工艺大多比较粗糙，其毛纤维和绒纤维都较短，但是这样采集的毛绒光泽能保持较好的状态。

3. 熟皮剪毛　是从已硝制后的羊皮或旧皮衣上剪下的毛。毛纤维较短，弹性差，无光泽。从羊皮上剪下来的往往带有酸臭的硝粉味，粉末较多。从旧的皮衣上面剪下来的毛绒有汗味。二者都有明显的剪茬，毛呈松散状。

4. 熟皮拔毛　熟制的山羊皮毛囊已松，毛纤维从其上可以拔下来。这样的纤维较长，有味道，并带有粉末。与生皮剪毛的显著区别是熟皮拔毛没有毛纤维的剪茬（或称剪花）。

5. 干退毛　是制革时用退毛剂抹在皮板上退下的毛。有味，并有碱液凝结块，光泽差。

6. 灰退毛　是制革时用石灰水浸泡山羊皮处理以后而退下的毛。色暗，无光泽，无弹性，毛内含有灰疙瘩或粉末。

（二）山羊粗毛分级

山羊粗毛的分级，通常是按毛色和长度进行划分。

1. 按毛色　分为白色和花色（青色、灰色、黑色）两种，二者色泽比差为 100：75。

2. 按长度　分为长尺毛和短尺毛。长度在 4.5 cm 以上的称为长尺毛；4.5 cm 以下的为短尺毛。二者的长度比差为 100：60。

3. 按出口标准　把长尺毛整理成"把毛"。把毛按长度分为 16 个等级，每级长度相差 0.64 cm，最短的为 5.35 cm，最长的达 15.24 cm 以上。出口的短尺毛又称散山羊毛，要求净毛量不低于 70%。

二、山羊绒分类

新疆山羊的绒毛细腻柔软，润滑而有光泽，纤维长，强度大，坚挺光亮。一般可制成羊绒大衣、羊绒衫、羊绒毛毯等。

（一）按照抓绒的方法分类

可分为以下各类，不同类的绒品质比差不同。

1. 活羊抓绒　是按着山羊绒毛自然脱换规律，在恰当的季节，从活羊身上梳下的脱落绒。绒毛柔韧性好，纤维较长，含绒量高，富有光泽和弹性。品质比差为 100%。

2. 活羊拔绒（又称活羊剪绒）　是从活羊身上连毛带绒一齐剪下后，把其中的粗毛拔除后的原绒。绒根有明显剪口，绒的长度会受到影响。品质比差为 90%。

3. 生皮抓绒　是指从生山羊皮上抓下来的绒。由于生山羊皮大多是由山羊在绒未顶起的季节被屠宰而得的，所以多是非季节性的绒，通常绒较短而发滞，柔软度很差。品质比差为 80%。

4. 熟皮抓绒　是从熟绒皮上抓下的绒。光泽暗淡，无油性，绒一般偏短。有硝粉的味道，并含有未抖净的粉末。品质比差为 50%。

5. 灰退绒　制革时，将生皮放入缸中，用石灰水退下后毛和绒混在一起，这样的生皮一般不是顶绒季节的羊皮，因此绒长度短，且常已枯结成小块，毛和绒不易分开，其上的油脂常常被洗掉了，绒纤维枯涩，并常含有灰疙瘩或粉末。品质比差为 50%。

6. 汤退绒　指一些有带皮吃羊肉习惯的地方（江苏、浙江等省份）将山羊宰杀后，用热水把羊绒毛退下来，称为汤退绒。这种绒无油性，光泽很差，绒强力下降。品质比差为 50%。

7. 干退绒　制革时，用退毛剂（硫化碱等）处理以后从皮上退下的绒。其绒短而凌乱，有部分绒根被化学溶剂黏结在一起。品质比差为 50%。

8. 絮套绒　指用羊绒絮被褥、棉衣等使用一段时间后又被取出来出售的绒。因盖用、铺用时间不同，其品质差异很大。时间较短的纤维之间较松，还能撕扯弹开，有一定利用价值；时间较长的可能已经赶毡，不易撕扯开，且已失掉弹性和拉力，无光泽，内含粉尘较多（绒纤维上的鳞片层已经脱落）。

9. 残次绒　常见的有 5 种：

（1）疥癣绒　从有疥癣的新疆山羊身体上抓下来的绒，绒枯燥，无拉力，沾有黄色皮屑，其中有部分纤维因疥癣脓水而黏结在一起，使用价值很低。

（2）油抓绒　抓绒时用油过多，绒纤维黏在一起，破坏山羊绒质量。

（3）虫蚀绒　山羊绒遭受虫害，绒纤维被咬断，使用价值低。

（4）霉变绒　因保管不善，山羊绒受潮而发霉发热变质，严重地失去拉力和光泽。

（5）黑皮绒　指带有黑皮的绒，纤维短，光泽差，品质较差。

（二）按纤维品质分类

1. 一等绒　也称头路绒。纤维细长，色泽光亮，手感柔软，可带有少量皮屑，含绒量 80%。等级比差为 100%。

2. 二等绒　也称二路绒。纤维粗短，光泽差，含绒量约 50%；或带有较多皮肤或者皮屑和不易分开的薄膘子短绒，或者混有黑皮绒。等级比差为一等绒 35%。

（三）按纤维色泽分类

1. 白绒　其绒和短毛都是白色者为白绒。色泽比差为 120%。

2. 紫绒　底绒呈棕色或黑褐色，其短毛中有黑色或深紫色纤维，其色素有深有浅，均列为紫绒。一般比白绒细而短。色泽比差为 100%。

3. 青绒　其绒和短毛呈灰白色或青色，或白绒底面带有浅黑、白相间色，棕色及其他颜色。色泽比差为 110%。

山羊原绒分类见表 10-1。

表 10-1　山羊原绒分类

颜色类别	外观特征	价格颜色比差（%）
白绒	山羊绒和山羊毛均为白色	100
青绒	山羊绒呈灰白色、青色；山羊毛呈黑、白相间色、棕色及其他颜色	70
紫绒	山羊绒呈浅紫色或深紫色；山羊毛呈黑色、深紫色	60

注：不同颜色类别的山羊绒混在一起，按颜色深的处理，但是近年来市场也出现了新的变化，紫绒的价格有时还与白绒价格一样，甚至比白绒价格还高。

（四）按加工程序分类

根据加工程序分，可以把山羊绒分为原绒、过轮绒、水洗绒、无毛绒 4 种。

1. 原绒　指从山羊身上用梳绒梳子抓下来的绒团。其中含有绒毛、粗毛、两型毛、皮屑、油垢、沙土、草杂等各种物质。

2. 过轮绒　指将原绒分拣后，再用开松机（打土机）开松打一次，除去大部分沙土杂质后的绒毛。

3. 水洗绒　一般指用洗毛机和洗毛剂进行处理，将附着在绒毛上的尘土、油脂洗去的绒毛。

4. 无毛绒　指通过水洗、梳毛机分梳后除去了粗毛、皮屑、杂质的绒毛。

（五）按路分类

1. 按羊绒产地分路　老原料商们约定俗成的称谓。如称包头或包头一带的绒为包头路，称宁夏的绒为银川路，称河北一带的绒为顺德路等。

2. 按绒质分路

（1）将纤维长、光泽鲜亮、含粗含杂少、含绒量高的山羊绒称为"头路"绒。

（2）将稍差的称为"二路"绒，其次的为"三路"绒，再次的绒就称为"不够路分"或"不上路"。

3. 按一批货中不同路绒的含量分路　如这批货通过判定头路绒占85%，二路或二路以下的占15%。一些人就称这批货为"8515路"。再如"82路"，就是指这批货的头路绒占80%，二路或二路以下的占20%。

4. 老原料商的行话，不仅讲路，还要讲"分"，统称"路分"　该方法是过去主要依据经验，用眼观手摸等进行质量评价的做法。

（1）"路"　即指以上所说的各类绒含量的比例，好一点儿的绒一般为"91路""82路"，次一点的绒为"73路""64路"，再次甚至有"倒37路"或"倒46路"等。

（2）"分"　即指分数。主要是含绒量或含杂量的多少。如一批货，含杂质较少，出绒量能占55%，一些人就称这批货为"55分"。如这批货的头路绒占80%，那么，老绒原料商通常就称这批货为"82路55分"。

三、山羊绒分级

（一）山羊原绒的分等标准

根据山羊绒的含绒率、手扯长度及品质特征分为特、一、二、三等。二等为标准品，三等以下为等外品。分等标准见表10-2。

表 10 - 2　山羊原绒的分等标准

项目	含绒率（%）	手扯长度（mm）	品质特征	等级比差（%）
特等	≥75	≥43	色泽光亮，手感柔软，有弹性，强力好，允许含有少量的易于脱落的碎皮屑	150
一等	≥65	≥40		130
二等	≥50	≥35	色泽光亮，手感稍差，有弹性，强力好，允许含有少量的易于脱落的碎皮屑	100
三等	≥35	≥30	光泽和强力较差，含有较多不易脱落的皮屑	65

（二）无毛绒的分级

因为对环保、原料质量等要求不断变化，加之我国山羊绒的加工能力日益强大，国外从我国购买的山羊绒，已经从以购买原羊绒为主转为以购买无毛绒为主，售价也是用净绒计价。

目前我国的无毛绒主要分为三档。

1. Ⅰ档绒　除了细度、长度、净绒率以及异色纤维等的要求之外，一般会要求有髓毛（粗毛）含量不超过1%。

2. Ⅱ档绒　除了细度、长度、净绒率以及异色纤维等的要求之外，一般会要求有髓毛（粗毛）含量不超过2%。

3. Ⅲ档绒　除了细度、长度、净绒率以及异色纤维等的要求之外，一般会要求有髓毛（粗毛）含量不超过5%。

在分档的基础上，分梳山羊绒按其天然色泽分为白绒、紫绒、青绒，根据其天然色泽和品质特点，分梳白绒和分梳紫绒（含青绒）品质指标见表 10 - 3、表 10 - 4。

表 10 - 3　分梳白绒品质指标

| 等级 | 指标 | | |
	含粗率（%）	含杂率（%）	平均长度（mm）
优级	0.1	0.2	38
一级	0.2	0.3	36

（续）

等级	指标		
	含粗率（%）	含杂率（%）	平均长度（mm）
二级	0.3	0.4	34
三级	0.5	0.5	31
四级	0.7	0.7	28

表 10 - 4 分梳紫绒（含青绒）品质指标

等级	指标		
	含粗率（%）	含杂率（%）	平均长度（mm）
优级	0.2	0.3	36
一级	0.3	0.5	33
二级	0.5	0.6	31
三级	0.7	0.7	29
四级	1.0	1.0	26

注：分梳山羊绒公定回潮率为 17%；分梳山羊绒公定含脂率为 1.5%。

四、山羊绒鉴别方法

由于山羊绒价格较高，需求总体处于供不应求的局面，且一手交钱一手交货有质量问题难以追责等原因，总会有一些人铤而走险，通过掺杂使假的方式，用各种手段做假。

（一）假劣残次绒的种类

1. 原绒

（1）死抓绒 活抓绒是指牧民用铁梳子从活山羊身上抓下来的绒毛。而死抓绒则是指从死羊或羊皮上抓下来的绒毛。这种绒毛与活抓绒相比，无光泽、颜色灰暗。

（2）药退绒 指用化学方法从羊皮上退下的原绒，这种绒除无光泽外，绒的鳞片层、绒质都受到了损伤。

（3）灰退绒 指用石灰水浸泡山羊皮后退下的原绒。这种绒也无光泽，绒表层的鳞片与绒质也受到了严重损伤。

值得注意的是，除了活抓绒外，其他不管是死抓绒还是药退绒与灰退绒，其纤维极脆弱易断，没有光泽，呈枯白色，不易染色，无纺织价值。

（4）絮套绒　指絮过被褥、床垫、衣服后的山羊绒。这种绒已板结，拉力较差。

（5）皮剪绒　指从羊皮上用剪刀剪下来的绒毛，这种下绒方法容易造成绒长度的损失。

（6）肤皮绒（擀毡绒）　指纤维根部带有大量不易抖落的皮屑，并使绒毛黏结成块状的羊绒。

（7）草刺绒　指黏附草籽、花籽、蒺藜等杂质的绒毛。

（8）污块绒　指黏污粪块、尿渍后又风干了的绒毛，颜色发黄，难以撕开，洗也很难洗出本色的绒。

（9）皮块绒　剪毛时把皮肤也剪下，基部带有皮块的绒毛。

（10）油漆绒　牧民为了识别羊只，在新疆山羊身上涂上油漆等做标记。抓下绒后，绒毛上仍有油漆印记痕迹。

（11）疥癣绒　从患有疥癣病的新疆山羊身上取下的绒毛，绒色和光泽等与正常绒不同，带有疥癣硬块。

（12）弱节绒　由于新疆山羊营养不良或生病，致使在纤维的某一部分明显变细，产生弱节的绒毛。

（13）油绒　指故意往绒上喷一些油，再沾上灰尘，使其重量增加许多。

（14）盐水绒　指故意往绒上喷盐水，较容易沾上灰尘，抖动时有粉末落下，可增加重量。

（15）糖水绒　指故意往绒上喷糖水，黏糊糊的，灰尘极易依附在上边，抖不下来，分量很重。

以上是鉴别原绒时应注意的假劣绒与残次绒。

2. 无毛绒

（1）滑石粉绒　指向绒里掺入滑石粉，既增强了手感，又增加了重量的绒毛。

（2）染色绒　指用化学药品将紫绒或青绒漂洗成白色，冒充白绒，提高售价。光泽显著不如白绒。

（3）相近动物纤维绒　指往绒中掺羔毛、绵羊绒、犬绒、兔毛等。尤其是兔毛、绵羊绒，手感也滑腻，极难辨别。再就是羊羔毛，即生下来时间不太长的小羊羔，其羔毛细度和羊绒差不多，也难辨别。

（4）化纤绒 指往羊绒中掺进化纤，外观与羊绒差不多，只是手感发涩。

（5）手感绒 利用羊绒手感光滑这一特点，将其他纤维通过化学方法进行处理，增加手感，使其手感光滑程度与羊绒差不多，从而达到以假乱真的目的。

（6）潮绒 指不直接往绒上喷水，而是利用山羊绒吸湿性特强的特点，将羊绒存放在特别潮湿的环境里，进而增加羊绒重量。如在较干燥的二楼和潮湿的一楼存放，1 t 绒的重量能增加 20 kg 左右。就地域而言，从较为干燥的新疆将绒拉运到南方较为潮湿的地方，1 t 绒的重量也能多出 20 kg 左右。

（7）两型绒 也称金丝毛，粗细与羊绒差不多，一根纤维中兼有毛与绒的两种形态特征，分梳机很难将其与绒分离开。

（二）鉴别方法

1. 目测法 这是一种主要依靠经验鉴定的方法，不很准确，但是有经验的人能够在一定程度上便捷地评估质量。口诀是：一看、二掂、三摸、四拉、五嗅、六舔、七化。

（1）看 一看羊绒的色泽和颜色。白绒色泽要有光泽，颜色纯白的归类到一起。灰白和暗白的归类到一起。白绒中是不允许出现黑色或杂色毛的。此外，紫绒、青绒颜色也讲究大体一致。不同品种、不同个体、不同年龄的新疆山羊的紫绒、青绒的色度也是不一样的。看的过程中尽量归并品质相近的。如果要评估其品质是不是均匀，看时要注意光线，不能对着光照的方向看，不能在光线暗或者夜间观看。

二看含粗。因为原绒不同质，评估时要从绒袋或者绒堆中上下左右多抓几把，以提高代表性，综合分析它的产地、质地、含粗率与出绒量。无毛绒如果一把中出现一两根粗毛，还算够品级。如果粗毛多的话，说明这批货品级不够，还需要再分梳排粗。

三看含杂。原绒主要看皮屑、沙土等杂质的多少。无毛绒主要看其中有无异性纤维。

四看有无虫蛀绒、陈旧绒、霉变或捂掉的绒。

（2）掂 有经验的人通过用手掂一下绒的分量（或者密度），来评估绒含杂与含水量情况。通常情况下，人为掺杂使假或掺水的绒分量手感重，没有人为掺土杂的绒、干燥的绒手感轻。

（3）摸　一是摸绒的手感。山羊绒的手感是光滑的，而其他动物纤维或化纤的手感则是干涩的。二是摸绒的含油脂情况。如果反复摸绒后手指手掌感觉发黏，即说明含脂率高。三是摸绒的含尘土情况。抓起一把原绒往另一手掌上抖动，看手掌上落下的沙土有多少。也可以看反复摸绒后，手上有尘或沙土的多少。四是摸绒的含水量或回潮率。手摸绒的体感温度和人体应该差不多。如果摸着绒是温暖的，那么它就不会超过国家规定的回潮率17%。如果摸着发凉或发潮，那么通常它的回潮率可能就超标。

（4）拉　一是用手拉来评估绒的长度。在实验室，经常都是在绒布板上拉长度，称为"排板"或者手排长度。而在实验室外或没有排板的情况下，就得用手或将绒在袖子处或者衣服上把绒纤维展开，大体估算出绒的长度。二是通过用手拉绒，估摸出绒的拉力，看是否霉变、陈旧、枯朽。三是通过用手拉一根绒，松开后看绒的卷曲以鉴别这份货中有无羊毛或异性纤维。有的绒经纪人会将单根绒毛放到耳边，拉断纤维听声音，来判断出绒的情况。

（5）嗅　嗅是一种非常简单但非常实用的方法。一是嗅有没有霉变或臭味，判断羊绒是否变质。二是嗅有没有药水味，判断羊绒是否为药退绒或染色绒。三是嗅有没有生石灰水味，判断羊绒是否为灰退绒。四是燃烧辨识。用火烧几根纤维，用鼻子嗅一下，根据烧掉后的味道判断材料。山羊绒接触明火慢慢燃烧，化学纤维接触明火是迅速燃烧。山羊绒燃烧时有类似头发燃烧时的气味，而化学纤维燃烧时散发出刺鼻的特殊气味。山羊绒燃烧后的黑色灰烬用手指轻轻一捻就碎，而各类化学纤维燃烧后的灰烬较硬，不易捻碎。

（6）舔　有的掺杂使假的方法，是将糖水或者盐水喷洒在绒上增加重量。传统的做法是通过用舌尖舔绒，来判断是否造假等。正常的绒有特殊的绒毛油脂的味道，但是掺假的则发甜或者发咸。但这种方法不卫生，不建议使用这种方法。

（7）化　毛绒等动物纤维易溶于碱液，而棉花纤维、化纤和麻纤维等不易溶，通过这种方法可以简单评估测定这份货物中含多少种纤维。

① 原理　无毛绒等动物纤维溶解于2.5%氢氧化钠溶液，使之与棉花、化纤、麻等纤维分离开来。

② 工具及药品、试剂　1 500～2 000 mL 烧杯 2 个。玻璃棒 1 根、电炉 1

个、小丝筛 1 个，盛样品带盖铝罐、小号坩埚各 1 个。药品：2.5％氢氧化钠。试剂配制：取固体氢氧化钠（含量 97％以上）25.7 g，加水 975 mL 混匀。

③ 操作顺序

a. 将 10 g 样品放入烧杯中，每克加入 100 mL 2.5％氢氧化钠溶液，充分搅拌均匀。

b. 将放入样品的烧杯放在电炉上煮沸搅拌 20 min 后，用 100 目丝筛将没有溶解的纤维过滤出来，经清水清洗，二次过滤后烘干或晾干。这便是非动物纤维。

非动物纤维的计算公式为：

非动物纤维率＝化验后残存非动物化纤/样品重量（g）×100％

用以上几种方法检测羊绒质量，比较直观、简易。如果想准确地测定一批羊绒的质量，就必须进行实验室化验。

2. 镜检法　即在显微镜下根据组织学构造进行鉴别的方法。

（1）羊毛纤维　粗毛、细毛、两型毛的组织学结构均由鳞片层、皮质层、髓质层组成。髓质排列为数层。

（2）棉花纤维　为扁平管状结构，中间为细胞腔，边缘为增厚的细胞壁，沿纵轴有许多扭曲。

（3）化学纤维　仅为一条长管，有时可见到许多小黑点，这些小黑点是金属减光剂，可使纤维光泽柔和。

3. 染色法　根据试剂对纤维作用的不同，观察色泽，对溶解度进行鉴别。

（1）染色液的配制

① 甲液　将 3 g 碘化钾溶于 60 mL 水中，再加 1 g 碘和 40 mL 水，过滤。

② 乙液　用 2 份甘油加 1 份水，再加 3 份浓硫酸。试验时用 2 份甲液，1 份乙液混合，将纤维放入其中，1 min 后取出纤维，用清水冲洗后观察其色泽和溶解度。

（2）鉴别　羊毛为黄色，不溶解；棉花不上色，微溶解；黏胶为浅绿色或浅蓝色，不溶解；绵纶为深棕色，稍溶解；纤维变绿硬结；涤纶为淡棕色，不溶解；腈纶不上色，不溶解。植物性杂质：主要指牧草的茎、叶、刺等，外形清晰，容易鉴别。

4. 全天候毛绒快速检测技术　农业农村部种羊及毛绒质量监督检验测试中心与企业合作开发的全天候毛绒快速检测技术，可以不需要恒温恒湿的环境，在农业生产的现场方便快捷地检测山羊绒品质，进行识别。

五、绒、毛的包装、保管和运输

绒、毛的包装、保管和运输是改善经营管理，降低流通费用，保护畜产品安全的重要环节，要做好这方面的工作。

（一）包装

羊绒和羊毛富有弹性，需要的运输空间大。收集和包装应按照毛、绒的种类、等级、颜色分别包装入库。包装材料要用无异性纤维的尼龙袋或者聚乙烯袋（4个丝以上）为好，不能用棉花袋子或者尿素袋子等，以免混入异性纤维杂质（这些材料，可以与新疆畜牧兽医学会等联系定做）。利用旧袋时，要清除袋内杂质。有条件的地方，应采取机器打包，以便缩小体积，利于运输和保管。如人工打包时，也要尽力压实、包严。打好的毛、绒包，在其一端或一侧写上或加上标签，注明毛、绒种类、产地，包的号数、重量、等级及颜色和状态等。

（二）保管

（1）羊毛、羊绒纤维是一种较复杂的蛋白质化合物，主要成分为角质蛋白，它由许多化学元素如碳、氢、氧、氨等所构成，在一定条件下，会起化学变化，还容易受细菌、微生物和虫蛾的侵袭，造成变质和损害。

（2）由于羊绒、羊毛的吸潮性，在温度升高时，若保存不好，易造成羊绒、羊毛的湿热，使霉菌大量繁殖，破坏毛、绒品质。因而，羊绒、羊毛保管存放时间不宜过长，保管条件好的，也不能超过2年，否则会变质。羊绒、羊毛所含水分如果过多，在夏季不过3 d就会变黄，强度就有损失。如果时间再长，就会引起羊毛脂氧化产热引起自燃现象，使绒、毛完全变质。5—9月，由于雨水较多，空气湿度较大，原来比较干燥的羊绒、羊毛会自行吸收水分，如果保管不当，就会发霉、生虫造成损失，所以保管时必须做好以下工作。

① 羊绒、羊毛不宜露天存放，必须尽快入库。气候潮湿的地方，毛包不可堆放过密，必须留有一定空隙，以便空气流通。潮湿的羊毛，必须单独包装及时晾晒。入库羊绒、羊毛必须干燥，暂时露天存放的必须严密苫盖，并用木榜垫高。

② 库房地基要高，库内要保持适当的湿度，适当通风，并要有防火设备。要定期检查仓库建筑，发现有损坏的地方要及时修缮，以防漏雨淋湿羊毛。

③ 库房内外都要保持清洁，储存期间要经常检查羊绒和羊毛的情况。发现温度、湿度增高时，应立即开包晾晒。在虫卵繁殖季节要定期（一般约10 d 1次）喷洒杀虫剂，以防生虫。对已生虫的羊绒和羊毛应立即隔离存放。开包剔除被衣蛾等虫蚀的羊毛、羊绒，喷洒药剂。

④ 码垛堆放时，要留出墙距和过道，毛包底层要铺设垫木。

（三）运输

敞车运输时，必须严密苫盖，避免雨淋。晴天短途运输时，也要准备防雨苫盖用品。万一受到雨淋，必须尽快拆包晾晒，以免变质。

装运时，要清除车厢内遗留的石灰、碱等对羊毛、羊绒有害物品，更不要与有害物品同车发运。

六、梳绒

梳绒也称抓绒，是指用铁制梳绒梳子从羊身上将羊绒顺利梳下，梳下的羊绒称为原绒。原绒中羊毛含量越少，售价越高。

（一）梳绒季节

脱绒和脱毛是山羊固有的生物学特性，季节性很强，非脱绒季节不能梳绒。到了脱绒季节，山羊绒便自然脱落，若不及时梳绒则损失太大，所以掌握好梳绒适宜期至关重要。新疆山羊的梳绒适期是4月中旬至5月下旬，具体时间受外界环境影响很大，要根据山羊绒毛生长情况来确定。到3月中、下旬就应当观察羊绒根部变化，绒根变细、变稀、有断痕是羊绒脱落的特征，脱落明显的羊就可以安排梳绒了。

（二）脱绒顺序

一般是羊绒先脱，羊毛后脱。从羊体部位上看是前躯先脱，后躯晚脱；从羊的种类来看是成羊先脱，幼龄羊后脱；从营养状况来看是膘情好的先脱，膘情差的后脱。

(三) 梳绒工具

梳绒梳子是用钢丝制作的。梳绒梳子的质量与梳绒劳动强度和绒的质量关系密切。北方牧区许多工厂都有制造，可选择购买。

(四) 梳绒操作规范

1. 抓绒前的准备

(1) 抓绒场（点）要求相对开阔、平整、干燥，并且通风良好。

(2) 地面可为水泥、水磨石、砖、木板地等无尘材质，或用帆布、塑料薄膜与地面分隔。

(3) 场地应相对隔离，防止非工作人员随意进入。有较好的交通条件和交通工具，以防止意外发生。

(4) 抓绒场面积宜大于 12 m²。

(5) 抓绒前剪毛场与抓绒场分开。

(6) 抓绒场地在使用前 1 d 宜打扫，并用来苏儿进行全面消毒。以后每天使用后打扫，并用来苏儿对地面、墙壁、栏杆等进行消毒。

(7) 抓绒场宜设有兽医工作点，并备有相关医疗器械和药品，配备消防器具。

2. 设备的要求　抓绒器分两种：一种称为梳绒器，是抓齿间距较密的抓绒器，齿距为 0.5 cm，用来抓绒。另一种称为清理抓绒器，齿距为 1.0～1.5 cm，用于抓绒前将羊身上黏附的杂物清理干净。齿杆细度，一般直径为 2～3 mm，齿杆数为 15～20 根。抓绒器有握把，齿杆头不弯曲呈耙状，并有齿尖。

要有分级台，并准备能盛放 500 g 以上羊绒的聚氯乙烯塑料袋聚乙烯包装布。

3. 天气要求　宜选择晴朗无风的天气组织抓绒工作。

4. 抓绒前的程序

(1) 检查整个羊群顶绒情况。将适合抓绒的山羊前 1 d 晚上集中到抓绒场附近的场地中，禁食，抓绒前 2 h 内禁止饮水，保证抓绒时空腹。

(2) 对新疆山羊进行分群，宜先抓白色绒羊，后抓有色绒羊。宜按下列顺序进行抓绒：先母羊，然后羯羊、周岁羊和种羊。具体抓绒时间、顺序根据顶绒情况而定。

（3）患疥癣病或其他传染性疾病的羊只应最后抓绒。抓完绒后，应将抓绒器、工作服以及场地消毒。

（4）雨天或羊被雨淋湿时不能抓绒。

（5）进入抓绒场的羊只，由专人将染有标色的绒抓下，统一集中处理。

5. 工作人员要求　抓绒人员必须经过培训和安全知识教育，经考核合格后方可参加抓绒工作。工作前必须保证良好的身体状况。

6. 抓绒的操作程序

（1）将山羊牵引至剪毛处，将两只前腿和一只后腿绑在一起，使羊侧躺。

（2）用剪毛剪子将山羊长毛尖部以及后腿污毛剪下，注意只要求剪绒层上端的毛梢，不要将绒剪下。先用清理抓绒器将山羊毛上的混杂物顺着一个方向梳理干净，不可往复梳理。剪完后，将毛打扫干净装入袋中。

（3）将剪过毛梢的羊送至抓绒处。

（4）将羊颈部放在抓绒人员腿上，将颈肩部皮肤展平。用梳绒器开始从头部、颈部抓绒，然后向背部、腹部、尾部抓绒，先将一侧的绒抓净。并将羊只头向上腹侧拉起，把另一侧羊颈部绒抓净。

（5）将羊只轻轻翻转另一侧，顺序同上。抓到腹部时，应特别注意不要将母山羊的乳房以及公羊和羯羊的阴鞘抓伤。

（6）每个部位先顺毛绒生长方向抓，再逆毛绒方向抓，直至抓净。最后将绳子解开，将腿部与腹部未抓净的羊绒抓下。抓完绒后扶起羊，并牵引其离开抓绒点，不能让其自行离开。需要称测体重与绒重的，先称测完，然后牵引离开。

（7）抓下的羊绒可以分次装入聚氯乙烯塑料袋。

（8）将抓下的山羊绒在分级台上整理后，根据品质的不同，分别归类、称重、装袋、入库、打包。

7. 操作要求

（1）抓绒时宜尽量将脱下的绒抓干净。

（2）如果有些羊没有完全脱绒，则宜做好标识，过 5～6 d 后再抓 1 次。

（3）抓绒时防止羊只活动，抓绒时动作要轻柔。

（4）梳绒器宜贴皮肤按同一方向梳理，把握住"不是梳皮而是梳绒"的原则，以避免抓伤皮肤。有皱褶处宜拉展皮肤或调整羊的姿势，尽可能保持梳理部位平滑。

（5）禁止在抓绒场内吸烟、大声喧哗、打闹、乱走动，以免羊只受到惊吓。

七、机械化抓绒技术

为提高抓绒效益和抓绒质量，我国自 20 世纪 70 年代开始研制抓绒、梳绒机具。目前，已有内蒙古自治区农牧业机械化研究所研制的 9RI - 84 型山羊抓绒机，新疆维吾尔自治区农业科学院农业机械化研究所研制的 9RS - 80 中频梳绒机投入试使用。

1. 9RI - 84 型山羊抓绒机 由发电机组或电动机、软管、三角架和四把抓绒机组成。抓绒机由抓齿、壳体、关节栓及传动机构组成，主要工作部件为两排抓齿，相邻抓齿的振动相位差为 180。工作时依靠抓齿的振动，将毛抖松并钩出羊绒。该机工作幅宽为 84 mm，共 15 个抓齿，振动频率为 1 067～1 861次/min，机重 1.35 kg。

2. 9RSH - 80 中频梳绒机 采用 9MII - 16 中频直动式剪毛机组的电源和传动机构，将剪头换成梳绒头即可。工作时传动机构将微电机转子的转动变为梳绒机构的往复运动，同时上下两排梳齿在山羊毛丛中做相位差为 180 的纵向振动，操作者手持提手做牵引运动，梳绒齿即可将羊绒从毛丛中梳下来。

使用上述两机均具有效率高、不伤羊、羊绒含杂率低、质量好等优点。但是，目前机械剪毛、梳绒仅在种羊场或少部分绵山羊比较集中的地方开展，有待进一步应用和推广。此外，梳绒机也有需要改进完善的地方。

八、新疆活畜销售主要集散地

新疆山羊的主要产品有羊绒、羊肉、羊皮等。为了方便新疆山羊相关产品销售，整理了相关新疆山羊产品销售信息。

新疆各县市级单位均设有屠宰场实施定点屠宰，个别地区还配置了冷冻加工生产线，销售可以依托县级屠宰场签订订单协议进行养殖销售。

对于批量实施育肥的专业户可以依托华凌畜牧产业开发有限公司、新疆通汇市场有限公司、新疆天鹰实业有限公司、乌鲁木齐西山屠宰场等开展屠宰交易。

（一）新疆通汇市场有限公司

位于 216 国道、吐乌大高等级公路、乌奎高速公路交汇处，市场总占地面积为 50 万 m^2，总建筑面积为 14.6 万 m^2，建设总投资 2 亿元。新疆通汇市场有限公司为民营流通企业，是农业农村部农产品定点市场、中国畜产品流通协会副会长单位、中国农产品市场协会理事单位、中国羊绒协会理事单位、中国畜产品流通协会皮张分会理事单位、全国工商联合会中国工商理事会理事单位、农业农村部农产品信息网信息采集点。活畜、畜产品批发市场占地面积为 13 万 m^2，主要经营项目有活畜、畜产品、畜牧机械、饲料、兽医、兽药及畜产品加工。目前，该市场为全新疆规模最大、功能最齐全、管理最规范的活畜、畜产品交易市场。屠宰场占地面积为 2 万 m^2，年设计能力 100 万头（只），是自治区定点的清真牛、羊屠宰场。

（二）华凌畜牧产业开发有限公司

该公司成立于 2005 年 3 月，是一个专门从事市场开发与建设，农林畜牧业综合开发项目投资，摊位租赁等综合性企业。2006 年年底，华凌现代畜牧产业综合发展项目中的传统牛羊屠宰项目（米东新区）已经建成并投入使用，日屠宰牛羊近 10 000 头（只），正在为保障乌鲁木齐市的牛羊肉供应、丰富和活跃市场发挥积极的作用。2006 年 8 月 7 日，该公司被确定为"新疆维吾尔自治区农业产业化重点龙头企业"。同时，由该公司投资建设的华凌畜产品批发市场在年底被农业农村部确定为"定点市场"。目前，该市场是新疆唯一一个畜产品农业农村部定点市场。

（三）新疆天鹰实业有限公司和乌鲁木齐市西山屠宰场

新疆天鹰实业有限公司（现代新型牛羊肉屠宰批发综合交易市场）位于新市区地窝堡乡。占地总面积为 16.7 hm^2，其中有活畜交易市场，屠宰储运厂，肉食、毛皮交易市场等。年屠宰能力为 180 万只标准羊，年肉类交易量为 2.24 万 t，年毛皮交易量为 180 万张，活畜年交易量近 180 万只。该市场实行"定点屠宰、集中检疫、统一加工、统一纳税、分散经营"政策。乌鲁木齐市西山屠宰场位于距市区 9 km 的西山大浦沟，日屠宰量为 5 000 只标准羊。

（四）新疆内其他部分知名的屠宰加工厂

新疆阿斯曼肉业公司（喀什）、昌吉市滨河牛羊定点屠宰市场、新疆绿晨牧业有限责任公司、呼图壁县佳雨肉品有限责任公司、新疆石河子开发区雨润食品有限公司、石河子天山肥羔羊食品有限责任公司、布尔津县禾木喀纳斯肉食品有限责任公司、博乐市博源肉类联合加工有限公司、新疆裕民县悦羊畜牧发展有限公司、新疆巴州尉犁县司拉吉丁肉制品加工厂、尉犁县开司巴郎食品开发有限责任公司、新疆尉犁县小巴朗食品科技有限责任公司、新疆喀什巴楚县色力布亚镇屠宰场。

九、山羊绒销售的主要集散地以及机构

全国山羊绒集散地很多，主要有宁夏灵武市和同心县，河北清河，内蒙古鄂尔多斯、巴彦淖尔，新疆米泉等。

（一）宁夏灵武市和同心县

近年来羊绒产业迅猛发展，全区基本形成了以贺兰山东麓、中卫香山、灵武等地为中心的新疆山羊生产基地，以宁夏圣雪绒国际企业集团有限公司、宁夏马斯特（集团）投资有限公司、宁夏中银绒业股份有限公司、德海绒业股份有限公司、宁夏嘉源绒业集团有限公司、宁夏盛源绒业有限公司、宁夏同心县生海绒业有限责任公司、宁夏国斌绒业有限公司等为骨干龙头企业，以灵武、同心两地羊绒分梳企业为基础的产业集群。宁夏已发展成为国内最重要的羊绒加工基地之一，全区从事羊绒收购、贩运的人员就达 1.5 万多人，年购销羊绒6 000 t 左右，形成全国最大的羊绒集散地。

（二）河北清河

清河县是全国最大的羊绒（山羊绒、绵羊绒）加工基地，年加工山羊绒、绵羊绒等 2 万多 t。近年来，清河已由"羊绒加工基地"转变为"中国羊绒纺织名城"。2000 年，开始建设占地面积为 7.5 km² 的清河县国际羊绒科技园区，累计投资 2 亿多元。先后被评为"全国十佳民营科技园区""中国民营科技示范园区"。一流的园区，为清河羊绒产业的再提级升档搭建起了"大平台"，吸引了一大批科技含量高、产业带动力强、市场前景好的企业入驻。截

至目前，入驻投产的企业已达 62 家，在建企业 50 家。

（三）内蒙古

目前，内蒙古有羊绒加工企业 150 多家，羊绒制品产量、销售收入、出口交货值均居我国首位。内蒙古的山羊绒加工业，不仅有资源优势，而且拥有规模优势。创建于 1991 年的鄂尔多斯羊绒集团，现已形成 1 个覆盖全国羊绒主要产区的收购网络，1 个覆盖全国大中城市的销售网络，1 个集中在东胜地区的生产基地，以及 1 个负责集团进出口业务设在北京的进出口公司和 6 个设在海外的销售公司，是内蒙古自治区第 1 家 B 股上市公司。规模仅次于"鄂尔多斯"的内蒙古鹿王羊绒有限公司，是 1985 年创办的。临河市的维信（集团）有限公司，是由香港维信贸易公司投资组建的，下属 12 家企业。规模较大的知名企业，还有包头市"戎王"、达拉特旗"东达"、东胜市"东高""华胜""阿尔贝斯"、呼和浩特市"盘古""伊诗兰雅""兆兴"、赤峰市"雪原"、通辽市"萨日郎"等羊绒制品有限公司。

（四）新疆维吾尔自治区内从事羊绒加工经营企业

（1）新疆天山毛纺织股份有限公司是 1980 年 6 月经中华人民共和国外国投资管理委员会外资审字［1980］第 5 号文批准，由新疆维吾尔自治区乌鲁木齐毛纺织厂与香港天山毛纺织有限公司合资成立的有限责任公司。该公司拥有"GTS"等品牌，每年都购买新疆优质山羊绒及细羊毛原料。

（2）新疆通汇市场有限公司是新疆大型羊绒集散地，也是西北地区最大的皮张交易市场。1996 年，通汇皮张交易市场正式建成，交易商达到 60 家左右。每年通过通汇皮张交易市场销出去的羊绒在 1 000 t 以上，各种皮张和羊绒的交易额在 8 亿元以上。

（3）新疆华春毛纺有限公司成立于 2010 年 1 月。主营业务为羊毛、山羊绒、针纺织品及服装的设计、生产、销售以及进出口业务，各类纺织原材料及成品的经营、进出口等。

（4）新疆天羚畜产有限责任公司是新疆供销社第一家以商业模式创新对传统行业实施改造的上市公司。

（5）其他已经归并到新疆维吾尔自治区畜牧兽医学会的原新疆绒山羊生产协会。

第二节 新疆山羊主要产品加工工艺及营销

一、羊肉的生产

（一）羊肉的成分及营养价值

中国汉字的鲜、羹等字，都与羊有关，可见羊肉很美味。李时珍在《本草纲目》中说："羊肉能暖中补虚，补中益气，开胃健身，益肾气，养胆明目，治虚劳寒冷，五劳七伤"。新疆山羊攀爬能力强，耐跋涉，食性广，新疆山羊的肉是新疆各种羊肉中非常有特点的一种。新疆羔羊肉具有瘦肉多、肌肉纤维细嫩、脂肪少、膻味轻、味美多汁、容易消化和富有保健作用等特点，颇受消费者欢迎。因此，过去新疆绵羊肉价格比山羊肉价格高。但是近年来，新疆山羊的羊肉价格在南北疆比绵羊肉价格都高 10 元/kg，由此可见其美味。

（二）产肉力的测定

1. 胴体重　指屠宰放血后，剥去毛皮，除去头、内脏及前肢膝关节和后肢趾关节以下部分后，整个躯体（包括肾及其周围脂肪）静置 30 min 后的质量。

2. 净肉重　指用羊的胴体精细剔除骨头后余下的净肉质量。要求在剔肉后的骨头上附着的肉量及耗损的肉屑量不能超过 300 g。

3. 屠宰率　指胴体重与羊屠宰前活重（宰前空腹 24 h）之比，用百分比表示。

$$屠宰率＝胴体重/宰前活重×100\%$$

4. 净肉率　指胴体净肉重占宰前活重的百分比。胴体净肉重占胴体重的百分比则为胴体净肉率。

$$净肉率＝胴体净肉重/宰前活重×100\%$$

$$胴体净肉率＝胴体净肉重/胴体重×100\%$$

5. 骨肉比　指胴体骨重与胴体净肉重之比。

6. 眼肌面积　测量倒数第 1 肋骨与第 2 肋骨之间脊椎上眼肌（背最长肌）的横切面积，因为它与产肉量呈高度正相关。测量方法：一般用硫酸绘图纸描绘出眼肌横切面的轮廓，再用求积仪计算出面积。如无求积仪，可用下面公式估测：

$$眼肌面积（cm^2）＝眼肌高度（cm）×眼肌宽度（cm）×0.7$$

7. GR值　指在第12肋骨与第13肋骨之间，距背脊中线11 cm处的组织厚度，作为代表胴体脂肪含量的标志。GR值（mm）大小与胴体膘分的关系：0～5 mm，胴体膘分为1（很瘦）；6～10 mm，胴体膘分为2（瘦）；11～15 mm，胴体膘分为3（中等）；16～20 mm，胴体膘分为4（肥）；21 mm以上，胴体膘分为5（极肥）。我国制定的《羊肉质量分级》（NY/T 630—2002）中，将GR值称为肋肉厚。

（三）羊肉的品质评定

1. 肉色　肉色是指肌肉的颜色，由组成肌肉中的肌红蛋白和肌白蛋白的比例所决定。也与肉羊的性别、年龄、肥度、宰前状态、放血、冷却、冻结等加工情况有关。成年绵羊的肉呈鲜红色或红色。老母羊的肉呈暗红色，羔羊肉呈淡灰红色。一般情况下，山羊肉的肉色比绵羊的红。

评定方法，可用分光光度计精确测定肉的总色度，也可按肌红蛋白含量来评定。在现场多用目测法，取最后一个胸椎处背最长肌（眼肌）为代表，新鲜肉样于宰后1～2 h，冷却肉样于宰后24 h在4 ℃左右冰箱中存放。在室外自然光下，用目测评分法评定肉新鲜切面，避免在阳光直射下或在室内阴暗处评定。灰白色评1分，微红色评2分，鲜红色评3分，微暗红色评4分，暗红色评5分。两级间允许评0.5分。具体评分时可用美式或日式肉色评分图对比，评为3分或4分者均属正常颜色。

2. 大理石纹　指肉眼可见的肌肉横切面红色中的白色脂肪纹理结构，红色为肌细胞，白色为肌束间的结缔组织和脂肪细胞。白色纹理多而显著，表示其中蓄积较多的脂肪，肉多汁性好，是衡量肉含脂量和多汁性的简易方法。要准确评定，需经化学分析和组织学等测定。现在常用的方法是取第1腰椎部背最长肌鲜肉样，置于0～4 ℃冰箱中24 h后，取出横切，以新鲜切面观察其纹理结构，并借用大理石纹评分标准图评定。只有大理石纹的痕迹评为1分，有微量大理石纹的评为2分，有少量大理石纹的评为3分，有适量大理石纹的评为4分，有过量大理石纹的评为5分。

3. 羊肉酸碱度（pH）的测定　羊肉酸碱度是指羊被宰杀停止呼吸后，在一定条件下，经一定时间所测得的pH。肉羊宰杀后，其肉发生一系列生化变化，主要是糖原酵解和三磷酸腺苷（ΛTP）的水解供能变化，结果使肌肉中聚积乳酸和磷酸等酸性物质，使肉 pH 降低。这种变化可改变肉的保水性能、嫩度、组织状态和颜色等性状。

用酸度计测定肉样 pH，按酸度计使用说明书在室温下进行。直接测定时，在切开的肌肉面用金属棒从切面中心刺一个孔，然后插入酸度计电极，使肉紧贴电极球端后读数；捣碎测定时，将肉样加入组织捣碎机中捣 3 min 左右，取出，装在小烧杯中，插入酸度计电极测定。

评定标准：鲜肉 pH 为 5.9～6.5；次鲜肉 pH 为 6.6～6.7；腐败肉 pH 在6.7 以上。

4. 羊肉失水率测定　失水率是指羊肉在一定压力条件下，经一定时间所失去的水分占失水前肉重的百分比。失水率越低，表示保水性能越强，肉质柔嫩，肉质越好。

测定方法：截取第 1 腰椎以后背最长肌 5 cm 肉样一段，平置在洁净的橡胶片上，用直径为 2.532 cm 的圆形取样器（面积约 5 cm^2），切取中心部分眼肌样品一块，其厚度为 1 cm，立即用感量为 0.001 g 的天平称重，然后放置于铺有 18 层吸水性好的定性中速滤纸的压力计平台上，肉样上方覆盖 18 层定性中速滤纸，上、下各加一块书写用的塑料板，加压至 35 kgf，保持 5 min，撤除压力后，立即称取肉样重量。肉样加压前后重量的差异即为肉样失水重。按下列公式计算失水率：

失水率＝（肉样压前重量－肉样压后重量）/肉样压前重量×100％

5. 羊肉系水率测定　系水率是指肌肉保持水分的能力，用肌肉加压后保存的水量占总含水量的百分比表示。它与失水率是一个问题的两种不同概念，系水率高，则肉的品质好。测定方法是取背最长肌肉样 50 g，按食品分析常规测定法测定系水率。

系水率＝（肌肉总含水量－肌肉失水量）/肌肉总含水量×100％

6. 熟肉率　指肉熟后与生肉的重量比率。用腰大肌代表样本，取一侧腰大肌中段约 100 g，于宰杀后 12 h 内进行测定。剥离肌外膜所附着的脂肪后，用感量 0.1 g 的天平称重（W_1），将样品置于铝蒸锅的蒸屉上用沸水在 2 000 W 的电炉上蒸煮 45 min，取出后冷却 30～45 min 或吊挂于室内无风阴凉处，30 min后再称重（W_2）。计算公式为：

熟肉率＝W_2/W_1×100％

7. 羊肉的嫩度　指肉的老嫩程度，指人吃肉时对肉撕裂、切断和咀嚼时的难易，嚼后在口中留存肉渣的大小和多少的总体感觉。影响羊肉嫩度的因素很多，如绵羊、山羊的品种、年龄、性别、肉的部位、肌肉的结构、成分、肉脂比例、蛋白质的种类、化学结构和亲水性、初步加工条件、保存条件和时间，熟制加工的温度、时间和技术等。很多研究还指出，羊胴体上肌肉的嫩度与肌肉中结缔组织胶原成分的羟脯氨酸有关，羟脯氨酸含量越大，肌肉越难切断，肉的嫩度越小。

羊肉嫩度评定通常采用仪器评定和品尝评定两种方法。仪器评定目前通常采用 cLM 型肌肉嫩度计，以 kgf 为单位，数值越小，肉越细嫩，数值越大，肉越粗老。如中国农业科学院畜牧研究所测定，无角道赛特公羊与小尾寒羊母羊杂交的第 1 代杂种公羔背最长肌的嫩度（剪切值）为 6 kgf，股二头肌的嫩度为 6.25 kgf。口感品尝法通常是取后腿或腰部肌肉 500 g 放入锅内蒸 60 min，取出切成薄片，放于盘中，佐料任意添加，凭咀嚼碎裂的程度进行评定，易碎裂则嫩，不易碎裂则表明粗硬。

8. 膻味　膻味是绵羊、山羊所固有的一种特殊气味，致膻物质的化学成分主要存在于脂肪酸中，起关键作用的是短链游离脂肪酸，主要有己酸（C6:0）、辛酸（C8:0）、癸酸（C10:0）及 4 - 乙基辛 - 2 烯酸等低碳链游离脂肪酸，这些脂肪酸单独存在时并不产生膻味，必须按一定的比例，结合成一种较稳定的络合物，或者通过氢键以相互缔合形式存在，才产生强烈膻味。膻味的大小因羊品种、性别、年龄、季节、遗传、地区、去势与否等因素不同而异。我国北方广大农牧民和城乡居民，长期以来有喜食羊肉的习惯，对羊肉的膻味也就感到自然，有的甚至认为是羊肉特有的风味；江南有相当多的城乡居民特别不习惯闻羊肉的膻味，因而不喜欢吃羊肉。

鉴别羊肉的膻味，最简便的方法是煮沸品尝。取前腿肉 0.5～1 kg 放入铝锅内蒸 60 min，取出切成薄片，放入盘中，不加任何佐料（原味），凭咀嚼感觉来判断膻味的浓淡程度。

（四）屠宰

屠宰加工是肉类生产的重要环节。优质肉品的获得很大程度上取决于肉用家畜品种和屠宰加工的条件与方法。在肉类工业中，把肉类畜禽经过刺杀、放血和开膛去内脏，最后加工成胴体等一系列处理过程，称为屠宰加工。这是深加工的前处理，因而也称初步加工。

1. 工厂化屠宰的必然性　肉类食品的安全卫生问题，已成为人们日益关注的问题。因此，消费者不仅要求肉品卫生、美味、营养丰富，而且要求采用先进的屠宰方式、屠宰工艺、屠宰技术，来保证肉类食品的质量。而工厂化屠宰则是肉类食品安全的可靠保证。这是因为工厂化屠宰是以规模化、机械化生产，现代化管理和科学化检疫、检验为基础，以现代科技为支撑，通过屠宰加工全过程质量控制，来保证肉品安全、卫生和质量，只有实行工厂化屠宰才能将"放心肉"送到消费者的餐桌上。因此，羊的屠宰加工走出小作坊和个体模式，代之以现代化、规模化的集中屠宰已势在必行。

2. 屠宰场基础设施的配置　我国法制建设快速发展，对屠宰场建设也有越来越科学的相关规定。各个车间和建筑物的配置，既要互相连贯，又要合理布局，做到疫病隔离，病健分宰，原料、成品、副产品和废弃物的生产运转能够顺利进行。另外，应设立与门同宽、长度超过大型载重汽车车轮周长的消毒池，池内放有效消毒液。建筑物内要有充分的自然光照。

（1）饲养圈　应有卸车站台、地磅及供给宰前检验和测温用的分群栏及夹道；应有洁净的饮水设备和水源，有适当的防寒和降温设备，还应有消毒、清洁用具；羊占地面积应为 $0.5\sim0.7 \text{ m}^2/$ 只。

（2）病畜隔离圈　应与屠宰场内其他部分严格隔离，与饲养车间和急宰车间之间设有通道；实行专人饲养、专人管理，经常检查，以防疫病传播。

（3）急宰车间　急宰车间是用来屠宰病羊的场所，其位置应设在病羊隔离圈的侧边，设计应能适应急宰病羊的需要，设备和设施应便于清洁、消毒。

（4）无害化处理间　无害化处理间是经急宰车间宰后需要快速处理的有病羊胴体车间，兽医卫生检验人员确认属于可利用肉后，可根据不同病原分别做出处理。

（5）候宰室　候宰室是供羊屠宰前停留休息的场所，其地点应与屠宰加工车间相邻。

（6）屠宰加工车间　车间门口应设有与门同宽、长度大于载重汽车车轮周长的消毒池，内装消毒药液。车间内的墙壁应铺砌白瓷砖。地面应能防滑，并且要有 $1.5°$ 的坡度，天花板与地面的距离在垂直放血处不得低于 6 m；应尽量采用自然光源，光照均匀柔和。人工照明以日光灯为好，不可使用有色灯和高压水银灯、煤油灯等；应有良好的通风以及防蝇、防蚊、防尘、防鼠设施。必须有充足的、符合卫生要求的冷热水供应，下水道畅通并设有两道格栅，以防止碎骨、垃圾流入造成堵塞。应架设吊轨，以利于运输，减轻劳动强度和防止污染。有比较完善的污水处理系统；应有修整工序和设施，包括胴体修整、内脏修整和皮张修整三部分。修整有湿修整和干修整两种工序。修整出来的肉块及废弃物应有容器盛装。

（7）胴体修整晾挂车间　如果对羊胴体进行冷藏，则首先应在晾挂车间晾挂，室温宜在 5～10 ℃，使羊胴体形成尸僵，进入"后熟"，这样肉品将更为鲜美。同时，又可使肉中心温度降低，避免了冷藏时外冷内热，造成肉质败坏。

（8）副产品修整车间　副产品修整主要为羊内脏处理。

（9）冷藏库　规模化生产的屠宰场，应备有冷藏库。库内温度应能达到冷藏和冷冻的相关要求。

3. 羊的屠宰　羊屠宰的工艺流程如下：活羊卸载→称重→兽医检疫→候宰→击昏→宰杀→放血→割头蹄→预剥→扯皮→开膛→分离内脏→同步卫检→检验→修整→冷却→分割→入库。

（1）运输、卸载与宰前检验　当用车辆运输时，运到屠宰场的时间不应超过 8 h，根据具体情况可有例外，但必须供给羊只饲料和水。必须提供适当的条件，使羊只能够承受运输造成的应激，如改善运输方式和设备的质量，保持已形成的群体联系，避免饥渴或接触到（通过眼、耳或气味）正在屠宰的动物或死亡动物，提供适宜的温度和湿度及缓解应激的休息时间。禁止在运输前和运输过程中给动物使用镇静剂或兴奋剂。

羊在装卸、运输、待宰和屠宰期间必须有专人负责照料。在运输和屠宰羊的过程中提供必要的条件，以减少应激，减少因装载和卸载、混合不同群体或性别的羊等因素造成的不良影响。运输和屠宰羊的操作应平静而温和，禁止使用电棒及类似设备驱赶羊。

宰前检验是确保屠宰的羊来自非疫区，健康无病，并取得非疫区证明和产地检疫证明。对可疑的病羊进行隔离观察；对确定的病羊应及时送急宰车间处理。将健康的羊送候宰室待宰。通过宰前检验能够发现宰后难以发现的疾病，如口蹄疫、脑炎、胃肠炎、脑包虫病等，以及某些中毒性疾病，这些病在宰后一般无特征性病变。

（2）候宰　羊在屠宰前，一般需断食、饮水，休息 12～24 h，屠宰前 3 h停止给水。

（3）击昏　并不是所有的屠宰都使用这样的方法，但是一部分屠宰企业已经从动物福利以及保证肉品质的角度积极实施这一技术。

击昏是使羊暂时失去知觉，避免屠宰时因挣扎、痛苦等刺激造成血管收缩，放血不净而降低肉的品质。羊的击昏基本采用电麻击昏，电麻装置比较简单。羊的电麻器与猪的手持式电麻器相似，前端形如镰刀状为鼻电极，后端为脑电极。电麻器和麻电时间及电压各国有所不同。电麻击晕时要依据羊的大小、年龄，注意掌握电流、电压和麻电时间。电压电流强度过大，时间过长，引起羊血压急剧增高，造成皮肤、肉和脏器出血。我国多采用低电压，通常情况下采用电压 90 V，电流 0.2 A，麻电时间 3～6 s。

（4）宰杀与放血　羊被击昏后要尽快刺杀，刺杀位置要准确，使进刀口能充分放血。刺杀时，在羊的颈部纵向切开皮肤，切口 8～12 cm，然后将刀伸入切口内向右偏，挑断气管和血管进行放血，应避免刺破食管。放血时应把羊固定好，防止血液污染毛皮。刺杀后经 3～5 min，即可进入下一道工序。国外发达国家已采用空心放血刀刺杀，利用真空设备收集血液，卫生条件好。另外，为了确保传统宰杀作业时安全可靠，应配有组合旋转式宰杀箱。肉品放血度好坏，或者说完全与否，直接影响肉品的外观性状、滋味或气味及耐存性能的好坏，乃至等级与经济价值的高低等。

放血完全或充分的肉品特征是肉的色泽鲜艳有光泽，味道纯正，含水量少，不黏手，质地坚实，弹性强，能耐长时间保存，能吸引消费者选购，经济效益高。放血不全的肉品，外表缺乏光泽，有血腥味，含水量多，手摸有湿润感，有利于微生物生长繁殖，容易发生腐败变质，不耐久储。这种肉通常不受消费者欢迎，将会降低其应有的经济价值。

（5）剥皮　屠宰后的羊要进行剥皮，剥皮方法有手工剥皮和机械剥皮两种。

① 手工剥皮　是将羊四肢朝上放在清洁平整的地面上，用尖刀沿腹中线挑开皮层，向前沿胸部中线挑至嘴角，向后经过肛门挑至尾尖，再从两前肢和两后肢内侧，垂直于腹中线向前、后肢各挑开两条线，前肢到腕部，后肢到飞节。剥皮时，先用刀沿挑开的皮层向内剥开 5～10 cm，然后用拳揎法将整个羊皮剥下。剥下的羊皮，要求毛皮形状完整，不缺少任何一部分，特别是羔皮，要保持全头、全耳、全腿，去掉耳骨、腿骨及尾骨，公羔的阴囊也应留在羔皮上。剥皮时，要防止人为伤残毛皮，避免刀伤，甚至撕破，否则将降低毛

皮的使用价值。

② 机械剥皮　羊刺杀放血后，先手工剥皮，并割去头、蹄、尾及预剥下颌区、腹皮、大腿部和前肢飞节部的皮层，然后用机械将整张皮革剥下。

（6）开膛解体　羊剥皮后应立即开膛取出内脏，最迟应不超过 30 min，否则对脏器和肌肉均有不良影响，如可降低肠和胰的质量等。

开膛时沿腹部正中线切开，接着用滑刀划开腹膜，使肠胃等脏器自动滑出体外，然后沿肛门周围用刀将直肠与肛门连接部剥离开（俗称刁圈子、挖眼），然后将直肠掏出，打结或用橡皮筋套住直肠头，以免粪便流出污染胴体。用刀逐一将肠系膜割断，随之取出胃、肠和脾。后用刀划破横膈膜，并沿肋软骨连接处切开胸腔，剥离气管、食管，再将心脏、肺取出。取出的内脏分别挂在挂钩上或传送盘上以备检验。在剥离气管、食管时，应将食管打结，以免粪便流出污染胴体。

开膛取出内脏后，若需要将整个胴体劈成两半时，用电锯或砍刀沿脊柱正中将胴体劈为两半。羊的屠宰加工生产线一般不使用劈半设备。

（7）同步卫检　同步卫检是羊屠宰加工工艺中的重要工序，准确检查羊内脏有无病变，确保肉质的质量。常用的同步卫检设备：一是落地盘式输送机和悬挂输送机同步输送，盘式输送机输送内脏等下水。悬挂输送机传送胴体。二是两条悬挂输送机同步输送，一条输送内脏等下水，另一条传送胴体。

国内的屠宰场两种类型都有，国外普遍采用第 2 种类型。

（8）冷却（排酸）　羊胴体在屠宰后如果尽快冷却，就可以得到质量较好的肉，同时还可以减少损耗。冷却间温度一般为 2～4 ℃，相对湿度为 75％～84％，冷却后的胴体中心温度不高于 7 ℃，羊一般冷却 24 h。悬挂输送，包装都必须完好、无破损，以防肉品被污染或漏失、风干和氧化，并且要检查商标、生产日期、保质期、贮存方法等。同时，要注意数量和重量是否符合包装说明。

（五）贮存、运输

羊肉储运是否得当，对质量好坏有着重要影响。因此，通常情况下，肉类储存必须具备一定的基本条件，在运输过程中须遵守一些基本要求。

1. 仓储的基本要求　仓库要符合卫生要求，有卫生管理制度、进出库管理制度。应与有强烈挥发性气味的物品分库存放，以防串味，更不能与有毒、有害物质混合存放。冷冻肉仓库要求预冷库温度在−2～4 ℃，冻结库温度在−23 ℃以下（现一般采用−38 ℃），冷藏库温度在−18 ℃以下，库温波动在1 ℃以内。同时要有专门的管理人员，产品应堆放整齐，有垫板，离墙离地。

2. 运输要求　运输车、船须清洁卫生，不与有害有毒物品混装。装运前要清洗车、船，并彻底消毒，长途运输要有制冷设备，短途运输如果无冷藏车，也要进行保温处理，防止解冻。

（六）无公害羊肉加工技术

加工无公害羊肉的屠宰场和肉类加工企业的设计与设施、卫生管理、加工工艺、成品贮藏和运输应遵守《食品企业通用卫生规范》（GB 14881—1994）、《肉类加工厂卫生规范》（GB 12694—2016）和《畜类屠宰加工通用技术条件》（GB/T 17237—2008）的有关规定。在活羊屠宰加工中采用良好生产规范（GMP）、危害分析与关键控制点（HACCP）、卫生控制程序（SCP）和卫生标准操作程序（SSOP）等食品安全控制体系指导生产。

1. 工厂卫生规范　肉羊屠宰场、肉类加工企业必须远离垃圾场、养殖场、医院及其他公共场所和排放"三废"的工业企业。工厂的设计与设施、卫生管理、加工工艺、成品储藏和运输的卫生要求，应符合《肉类加工厂卫生规范》的规定要求。

2. 原料要求　屠宰前的活羊必须来自非疫区的肉羊无公害生产基地，其饲养规程符合肉羊无公害饲养系列标准 NY 5148、NY 5149、NY 5150 和NY/T 5151的要求，健康状况良好，并有产地检疫与宰前检验合格证，经宰前休息管理与停饲（断食）管理，准予屠宰。

3. 生产用水

（1）屠宰加工用水水质　在屠宰车间内将肉羊屠宰加工成胴体或分割过程中需要的生产性用水应符合《无公害食品　畜禽产品加工用水水质》（NY 5028—2008）的规定。

（2）羊肉产品深加工用水　在羊肉初级产品、分割产品或羊肉制品加工过程中需要的生产性用水（包括添加水和原料洗涤水）应符合《生活饮用水标准检验方法》（GB/T 5750—2006）的要求。

（3）其他用水　屠宰场、羊肉制品加工厂的循环冷却水、设备冲洗水，

应符合《生活杂用水水质标准》（CJ/T 48—1999）的规定。

4. 屠宰加工卫生　肉羊的屠宰加工基本程序是送宰→淋浴→致昏→刺杀放血→剥皮与去头蹄→开膛和净膛→胴体修整→盖章→冷却等。屠宰加工应符合《鲜、冻胴体羊肉》（GB/T 9961—2008）的规定，严格实施卫生监督与卫生检验，修整后的胴体不得有病变、外伤、血污、毛和其他污物。屠宰供应少数民族食用的无公害羊肉产品的屠宰场，应尊重民族风俗习惯进行屠宰加工。

5. 羊肉的分割　羊肉应按《无公害　羊肉》（NY 5147—2008）的规定进行分割与剔骨。分割方法有冷分割和热分割：冷分割与剔骨是将羊胴体冷却后再进行分割和剔骨，要求分割间的温度不得高于 15 ℃；热分割与剔骨是屠宰、分割连续进行，从活羊放血到分割完毕进入冷却间，应控制在 1.5～2 h，分割间温度不得超过 20 ℃。

6. 包装　无公害食品羊肉的包装应采用无污染、易降解的包装材料，并应符合《食品包装用聚乙烯成型品卫生标准》（GB 9687—1988）和《食品包装用原纸卫生标准》（GB 11680—1989）的规定。包装印刷油墨必须无毒、无味，不应向内容物渗漏。包装物不应重复使用。

7. 标识　在每只羊胴体的臀部盖兽医验讫和等级印戳，字迹必须清晰整齐。获得批准使用无公害农产品标识的羊肉，允许使用无公害农产品标识。

8. 储存　无公害农产品羊肉及其产品的储存场所应清洁卫生，不得与有毒、有害、有异味、易挥发、易腐蚀的物品混存混放。冷却羊肉应吊挂在温度为 -1～0 ℃、相对湿度为 75%～84% 的冷却间，胴体之间的距离保持在 3～5 cm。冻羊肉应储存在 -18 ℃以下、相对湿度为 95%～100% 的冷藏间，库温每昼夜升降幅度不得超过 1 ℃，产品保质期为 8～10 个月。

二、山羊奶的生产

全世界所产的羊奶中，绵羊奶和山羊奶各占一半左右。欧洲许多国家，如法国、意大利、保加利亚等国家十分重视绵羊奶的生产，尤其是保加利亚等国，所有的绵羊都挤奶。这是因为绵羊奶最适合加工成各种干酪，而干酪又是欧洲人喜爱的传统食品。我国无论是牧区还是农区，都没有挤绵羊奶的习惯，我国的羊奶基本上都是奶山羊所产。羊奶同牛奶一样，营养成分完全，是人类重要的动物性食品来源之一。山羊奶是世界鲜奶和奶品加工的第 2 个源泉，全世界一半以上的人口饮用羊奶。羊奶与牛奶在化学成分上无显著差异，在一些消化生理和理化特性方面要优于牛奶。对于羊奶的利用，大部分国家用于鲜食，许多国家还广泛用于加工干酪、酸奶、奶粉、炼乳等。在我国，山羊奶产业近年来有较大发展，对于缓解鲜牛奶供应不足起了一定作用。

新疆山羊是地方品种，奶用性能并不是其过去育种的主要方向，但是近年来随着山羊奶市场的兴起，也已经有人开始按照奶用类型开展育种。

（一）山羊奶的营养价值

1. 山羊奶营养丰富　其干物质中，蛋白质、脂肪、矿物质含量均高于人奶和牛奶，乳糖含量低于人奶和牛奶。

2. 蛋白质的质量好　山羊奶不仅蛋白质含量高，而且品质好，易消化。10 种必需氨基酸中除蛋氨酸外，其余 9 种氨基酸含量均高于牛奶。羊奶中游离氨基酸含量也高于牛奶，而游离氨基酸是很容易被消化的（表 10 - 5 至表 10 - 7）。

表 10 - 5　山羊奶、牛奶、人奶的营养组成的检测指标对比

营养组成	山羊奶	牛奶	人奶
密度（g/mL）	1.022 9	1.029 6	1.029 0
酸度（°T）	11.46	13.69	10.40
干物质（%）	12.58	11.63	12.02
脂肪（%）	4.00	3.85	4.05
乳糖（%）	4.58	4.70	6.90
蛋白质（%）	3.50	3.40	1.10
灰分（%）	0.86	0.72	0.30
钙（mg/100 g）	214	169	60
磷（mg/100 g）	96	94	40
维生素 A（每克脂肪，IU）	39	21	32
维生素 B_1（μg/100 g）	68	45	17
维生素 B_2（μg/100 g）	210	159	26
维生素 C（mg/100 g）	2	2	3
热能（kJ/mL）	326.4	305.4	284.5

表 10-6　山羊奶、绵羊奶、水牛奶、马奶营养组成指标对比（%）

奶类	干物质	蛋白质	脂肪	乳糖	矿物质
山羊奶	1 294		4.21	4 36	0.84
绵羊奶	1 840	5.70	7.20		
水牛奶	18.70		8.70		0.80
马奶	11.75	2.35	1.50	7.63	

表 10-7　牛奶、山羊奶氨基酸组成对比（%）

氨基酸	牛奶	山羊奶	氨基酸	牛奶	山羊奶
赖氨酸	1 907	224.3	缬氨酸	178.2	228.9
蛋氨酸			胱氨酸	微量	9.3
亮氨酸	202.4	3 230	组氨酸	76.5	78.2
苏氨酸		1 749	苯丙氨酸	136.8	165.4
精氨酸	817	38.0	异亮氨酸	139.9	152.6

3. 脂肪含量高　山羊奶的乳脂肪主要由甘油三酯类组成，也有少量磷脂类、胆固醇、脂溶性维生素类、游离脂肪酸和单酸甘油酯类，其中对人体有重要作用的磷脂含量较高。除含有多种饱和脂肪酸外，还含有较多的不饱和脂肪酸，色泽呈乳白色，熔点较牛奶乳脂低，夏天气温高时呈半固体状态。用羊乳脂制成的奶油，经发酵后味美醇香，无不良气味，可与牛奶的奶油相媲美。山羊奶的脂肪球直径比牛奶脂肪球小得多，且大小均匀。由于脂肪球的表面面积大，可与消化液充分接触，容易被消化吸收，而且在保存过程中不易上浮结成奶皮。羊奶中富含短链脂肪酸，尤其是 $C_2 \sim C_{10}$ 脂肪酸的含量，山羊奶中这类低级脂肪酸含量比牛奶高 4～6 倍，尤其乙酸含量是牛奶的 10 倍多，这也是山羊奶消化率高的主要原因之一。

4. 山羊奶矿物质含量较高，维生素较丰富　山羊奶中的矿物质含量远高于人奶，也高于牛奶，特别是钙和磷。山羊奶中的钙主要以酪蛋白钙形式存在，很容易被人体吸收，是供给老人、婴儿钙的最好的食品。山羊奶中的铁含量高于人奶，与牛奶相近（表 10-8）。

表 10 - 8　各种奶的矿物质和维生素含量

矿物质及维生素	山羊奶	牛奶	人奶
钙（μg/100 g）	134		32
磷（μg/100 g）	111	93	
钠（μg/100 g）			
钾（μg/100 g）	204	151	51
镁（μg/100 g）	14	13	3
铁（μg/100 g）	0.05	0.05	0.03
锌（μg/100 g）	0.3	0.38	0.17
维生素 A（IU/100 g）	40	42	53
硫胺素（μg/100 g）	50		17
核黄素（μg/100 g）	120	150	
尼克酸（μg/100 g）	200	80	170
泛酸（μg/100 g）	350	350	200
维生素 B_6（μg/100 g）		35	10
叶酸（μg/100 g）	0.2	0.1	0.2
生物素（μg/100 g）	1.5	2.0	0.4
维生素 B_{12}（μg/100 g）	0.1	0.5	0.08
维生素 C（μg/100 g）	20	2.0	4.0
维生素 D（IU/100 g）	2.3	1.8	1.4

5. 新疆山羊奶和牛奶 pH 比较接近　新疆山羊奶 pH 为 6.4～6.8，普通牛奶 pH 也多在 6.5～6.7，因此新疆山羊奶与牛奶的 pH 相近。奶中含有多种有机酸和有机酸盐，为优良的缓冲剂，对于胃酸过多或胃溃疡患者，是一种有治疗作用的适宜食品。其次，一些患者，因对牛奶的某些蛋白质分子发生过敏性变态反应而不能饮用牛奶，但饮用羊奶则不发生特异性反应，所以羊奶是对牛奶有过敏反应病人的珍贵食品。有人认为，这是因为羊奶的蛋白质中缺乏牛奶所含的 α - SI 酪蛋白易形成较软化的凝乳颗粒，因此更容易消化吸收。在羊奶中，对人体有重要作用的核苷酸含量较高，对婴儿的智力发育大有好处。奶山羊多以小群放牧经营为主，与奶牛相比不易感染结核病，所以食用羊奶更为安

全。尤其是在无检疫条件的一些地区，婴儿和病弱者饮用羊奶较安全。新疆维吾尔自治区畜牧科学院畜牧业质量标准研究所在新疆天山野生动物园缺奶虎仔的实验中，证明老虎喝牛奶易腹泻，而喝山羊奶未出现类似情况。

（二）新疆山羊奶的物理特性

1. 色泽及气味

（1）新鲜的新疆山羊奶为白色不透明液体。奶的色泽是由奶的成分决定的，如白色是由脂肪球、酪蛋白酸钙、磷酸钙等对光的反射和折射所产生的，白色以外的颜色是由核黄素、胡萝卜素等物质决定的。

（2）新疆山羊奶含有一种特殊的气味——膻味。山羊奶的膻味比羊肉的膻味要淡一些，通常情况下不易闻出来，在加热或饮食时可感觉出来，这种气味在持续保存之后则更加强烈，这也是有些消费者不愿意饮用山羊奶的重要原因，但是膻味可通过脱膻处理加以消除。

（3）新疆山羊奶脂肪的含量高于牛奶，其氯化物和钾的含量也高于牛奶，乳糖含量低于牛奶，所以其味道浓厚油香，没有牛奶甜。

2. 密度与相对密度

山羊奶的密度是指羊奶在 20 ℃时的重量与同容积水在 4 ℃时的重量比。羊奶的相对密度是在 15 ℃时，一定容积羊奶的质量与同容积同温度水的质量之比。羊奶的相对密度和密度在同一温度下的绝对值差异很小，仅为 0.002。也就是说，奶的密度较相对密度小 0.002。如正常羊奶的密度平均为 1.029，牛奶的密度平均为 1.030，而其相对密度则分别为 1.031和 1.032。

奶的密度随着奶成分和温度的改变而变化。乳脂肪含量升高时密度就降低。奶中掺水时密度也降低，每加 10% 的水，密度约降低 0.003。温度为10～25 ℃时，温度每变化 1 ℃，奶的密度就相差 0.000 2。

3. 电导率

奶的电导率与其成分，特别是与氯离子和乳糖含量有关。当奶中氯离子含量升高或乳糖含量降低时，电导率增大。正常山羊奶的电导率在25 ℃时为 0.006 2 Ω。在 5～70 ℃时，温度与电导率呈直线相关。电导率超出正常值，则认为是乳房炎奶。

4. 冰点

奶的冰点比较稳定，变动范围很小。羊奶的冰点平均为 −0.58 ℃，一般在 −0.664～−0.573 ℃。而牛奶的冰点平均为 −0.55 ℃，一般在 −0.565～−0.525 ℃。

奶中掺水，则冰点会升高。所以，冰点是检验鲜奶中掺水的重要指标。一般情况下，奶中每加入 1% 的水时，冰点约上升 0.005 4 ℃。乳房炎奶、酸败奶的冰点降低。

（三）山羊奶的膻味及其控制方法

1. 山羊奶膻味的来源　膻味是山羊本身所固有的一种特殊气味，是山羊代谢的产物。山羊的奶和肉都有膻味。母山羊皮脂腺的分泌物有膻味，繁殖季节公羊身体、尿液的气味以及国外一些学者认为公山羊两角基部的分泌物都有膻味。挪威农业大学从选择试验的山羊中，收集了 404 个奶样，按膻味大小分为两组，经过奶样脂肪酸含量分析和进行膻味强度评定，发现两组羊奶的膻味值与游离脂肪酸含量有关，膻味随游离脂肪酸含量的增加而增强。

山羊奶的吸附性很强，特别是刚挤出的奶温度下降时，它会大量吸收外界的不良气味。公羊的气味、卫生条件不良的圈舍、有特殊气味饲料时，会使山羊奶的气味更加多样。

2. 膻味的化学基础和遗传基础　羊奶中的短链脂肪酸（$C_4 \sim C_{10}$）含量较高，其含量占所有脂肪酸的 15%，而牛奶仅占 9%。山羊奶中游离脂肪酸的含量也远高于牛奶。在山羊奶及其制品中，短链脂肪酸及游离脂肪酸的含量与膻味强度之间呈明显的正相关。

己酸、辛酸和癸酸与膻味有关，但是它们单独存在并不产生膻味，必须按一定的比例，结合成一种较稳定的络合物或者通过氢键以相互缔合形式存在，才产生膻味。挪威科学家的研究表明，膻味经长期选种可以发生变化，膻味也可以遗传，其遗传力为 0.25。

3. 影响膻味的因素　山羊奶膻味的强度受很多因素影响，如品种、年龄、季节、遗传、产奶量、泌乳期、饲料及乳脂蛋白脂肪酶（LPL）的活性大小等。一般来说，高产品种羊奶的膻味较小，地方品种羊奶膻味较大；不同季节羊奶膻味也有差异，3 月最高，以后逐渐减少，6—7 月最小；青年羊比老龄羊的羊奶膻味大，2 岁羊最大，3 岁以后逐渐减少；泌乳中期羊奶膻味最小；刚挤出来的羊奶膻味较小，放置 42 h 以后膻味浓烈；保存于 −20 ℃ 低温状态下的羊奶膻味较小；饲喂青贮饲料的比饲喂干草的羊奶膻味小；放牧饲养比舍饲饲养的羊奶膻味小。另外，羊奶脂肪球吸附能力强，容易吸附外界异味而使羊奶膻味更大。

4. 膻味的控制

（1）遗传学方法　由于膻味能够遗传，所以通过对低膻味或奶中低级脂肪酸含量少的个体进行连续选择，可建立膻味强度低的品系。

（2）微生物学方法　利用某些微生物（如乳酸菌）的作用，使奶中产生芳香物质，来掩盖膻味；或使奶中产生乳酸，降低 pH，抑制解脂酶的活性，减少再生性游离脂肪酸（FFA）等来减轻膻味。

（3）物理方法　产生膻味的化学物质具有挥发性，可通过某种方式的高温处理，使膻味的主要成分挥发出去，从而降低膻味强度，如通过蒸汽直接喷射法、超高温杀菌及脱臭等方法。目前，国内外已生产出奶的脱臭机器。

（4）化学方法　利用鞣酸、杏仁酸进行脱膻，可中和或除去羊奶中产生膻味的化学物质。如在煮奶时放入一小撮茉莉花茶，或放入少许杏仁，待奶煮开后，将花茶或杏仁撇除，即可脱去羊奶膻味。这是因为茶叶中含有鞣酸，杏仁中含有杏仁酸，可除掉羊奶中的致膻物质。

（5）脱膻剂方法　环醚型脱膻剂，对奶中产生膻味的低级脂肪酸进行中和酯化，使其变为不具有膻味的酯类化合物，从而除去膻味。随着食品安全要求的提高和技术的进步，还将有更多更环保、更安全的除膻方法。

（四）山羊奶的收集、运输和储存

1. 山羊奶的收集　在新疆，奶山羊生产多是小规模分散饲养，但是目前已经有了适合山羊挤奶的自动挤奶机。今后，还需要从饲料、畜舍、畜体、挤奶人员和挤奶、运奶设施等多方面系统推动这项工作。

2. 山羊奶的运输　新疆山羊鲜奶的运输需要注意以下几个方面：

（1）要防止山羊奶在运输途中温度升高　必须由有冷却装置的奶罐车运输。运输的时间必须安排在每天的早晨或晚上。如在白天运输，应用篷布遮盖奶桶，特别是夏季，应尽量减少日晒时间。

（2）使用食品级的不锈钢容器　不允许使用塑料桶或者其他非食品容器。容器必须清洁卫生，严格消毒，封闭严密。

（3）运输车中速行驶，避免急停或者急走，奶罐要求装满。尽量减少震荡。

（4）运输时间严格按照标准执行，严禁超时运输。

3. 鲜奶的储存　鲜奶在 4.4℃低温下冷藏，是保证鲜奶质量的最佳温度。

鲜奶在 10 ℃ 低温下保存稍差，若温度超过 15 ℃，其质量就会受到影响。我国国家标准规定，验收合格的鲜奶，应迅速冷却到 4～6 ℃，储存期间温度不应超过 10 ℃。

羊奶蛋白质稳定性不如牛奶，震动易引起山羊奶的质量变化，所以在储存中需要格外注意。

（五）山羊奶加工技术

因为各种原因，山羊奶中含有很多微生物，容易腐败变质，宜尽快加工。

根据杀菌温度和工艺不同，山羊奶加工产品有巴氏杀菌奶、灭菌奶、强化奶、花色奶等品种，虽然各种产品的加工工艺不完全相同，但其基本工艺流程是：过滤→冷却→原料验收→预处理（净化、冷却、储存）→标准化→预热均质→杀菌、灭菌→灌装→封口→二次灭菌→冷却→储存。

无公害食品羊奶的加工中应参照《无公害食品　牛乳加工技术规范》的有关规定，加工厂卫生条件应符合《乳品厂卫生规范》（GB 12693—2003）的规定。

1. 原料奶质量要求　原料奶是指未经任何处理的生鲜奶。原料奶中农药残留、抗生素、重金属及黄曲霉毒素，含量应符合《无公害食品　生鲜牛乳》（NY 5045—2001）的规定。交奶方和收奶方不得掺入水、食品添加剂和其他非奶物质。

2. 净化　净化应除去山羊奶中毛、泥土、草料等固体杂质及其部分微生物，脱除部分体细胞。在羊场可以使用 200 目尼龙过滤网进行初步过滤，过滤网应勤换洗，以保持清洁、防堵塞。在乳品厂应采用离心净奶机，离心转速通常为 5 890 r/min。采取自动或手动排渣，应及时排渣。

3. 冷却与冷藏

（1）冷却　生奶冷却温度不超过 6 ℃，应于 24 h 以内加工使用；冷却温度不超过 4 ℃，应于 36 h 内加工使用。冷却过程中应防止尘埃、杂质以及冷媒等进入生鲜山羊奶中。

（2）冷藏　储奶罐应彻底消毒、杀菌、密封，罐内设有搅拌器，转速不大于 40 r/min。储奶罐内生鲜山羊奶的温度不超过 6 ℃。储奶罐保温层厚度不低于 50 mm，室外奶仓保温层厚度不低于 100 mm。

4. 标准化与均质

（1）标准化　添加的奶油应符合《食品安全国家标准　稀奶油、奶油和无

水奶油》（GB 19646—2010）的规定，添加的脱脂奶粉应符合《食品安全国家标准　乳粉标准》的规定。应采取自动密闭式工艺。

（2）均质　均质温度为 60～68 ℃，均质压力为 15～22 MPa，均质后应立即进行杀（灭）菌。

5. 杀（灭）菌

（1）巴氏杀（灭）菌　杀（灭）菌温度为 75～90 ℃，时间不短于 15 s；也可在冷藏前进行预杀（灭）菌，温度为 63～65 ℃，时间不短于 15 s。

（2）高温杀（灭）菌温度不低于 110 ℃，时间不少于 15 min。

（3）超高温灭菌温度为 135～145 ℃，时间不低于 2 s。

6. 包装

（1）包装工艺　包装车间无污染，非无菌灌装适用于巴氏杀菌奶，无菌灌装适用于灭菌奶。

（2）包装材料　包装材料应适用于食品包装，应坚固、卫生，符合环保要求，不产生有毒有害物质和气体，单一材质的包装容器应符合相应国家标准；复合包装袋应符合《复合食品包装袋卫生标准》（GB 9683—1988）的规定。包装容器使用前应消毒，内外表面保持清洁。

（3）包装要求　包装应严密，不发生渗漏或破裂，不得二次污染。

7. 贮存　巴氏杀菌奶贮存温度为 2～6 ℃；灭菌奶常温避光贮存。贮存场所干燥、通风，不得与有毒、有害、有异味或者对产品产生不良影响的物品同处储存。

三、羊皮的生产

（一）皮革的特点和用途

羊皮是养羊业的主要产品之一，山羊皮的强度高、皮张面积大，具有柔软、致密、轻便、排湿、防水、美观和便于加工等特点。山羊皮是优质原料，经鞣制而成的革皮可用于军用、工业、农业、民用等多种制品。

新疆山羊的板皮质量有非常好的口碑，但是新疆个别地方因为多苍耳等植物，会粘连在羊毛上，在新疆山羊日常运动中，不断刺激皮肤，导致溃烂后会逐渐进入新疆山羊的皮肤内或皮下，造成皮张质量下降。过去新疆山羊的皮张价格很高，近几年受国外板皮价格低迷的影响，有较大幅度的下跌。

（二）羊皮品质的鉴定

羊皮的品质对制成品的质量和价值具有决定性作用，因此在选择或收购羊皮时，必须通过感官和必要的检测手段评定皮革的质量。

羊皮的鉴定步骤是先看板面，后看毛面，测量面积，结合伤残等进行综合评定。具体方法是：

1. 板面　根据品种特点判定板面的细致程度和光泽情况，客观评定板皮的弹性、厚薄、均匀程度和质量，并查看皮张伤残情况。

2. 毛面　检查毛绒与皮板结合情况及毛的质量。

3. 皮板面积　测算板皮面积，即皮板长度（颈部中间至尾根）×皮板宽度（腰部适当位置）。

概括地讲，选择或收购山羊板皮时要求："皮板足状，厚薄均匀，板面细致，油性足，光泽好，弹性强"。

（三）羊皮的初加工

加工方法主要有清理和防腐两个环节。

1. 清理　清除掉皮上残留的油脂、肉渣、骨渣、污血、粪便、杂质等易引起皮张质量下降的物质。清理时，要注意用力不可过猛，以避免损伤皮张。血污等可以用抹布擦拭，但不能用水清洗。用水清洗会形成"水浸皮"，皮板光泽会下降。

2. 防腐　清理完后都要进行防腐处理，以保证皮张质量。方法如下：

（1）晾晒法　通过晾晒除去皮中大量水分，形成抑制细菌繁殖的条件，达到防腐的目的。一般将鲜皮悬挂在温度为 25～30 ℃、空气相对湿度为 40%～60% 的环境中自然干燥至含水量降至 10%～15%。该方法的优点是操作简单，成本低，皮板洁净；缺点是干燥后毛皮僵硬，容易折裂，储存时易受虫咬，干燥过度的生皮，加工鞣制浸水时比较困难。

（2）撒盐法　将清理并经沥水后的生皮毛面向下，平铺在中心较高的垫板上，在整个皮板肉面上均匀地涂抹食盐。然后再在该皮上再铺上另一张生皮，做同样的处理。当铺开生皮时，注意要把所有皱褶和弯曲部分拉平。皮张头颈及尾部由于脂肪较多，盐用量要多。腌过的板皮，板面对板面叠起，经过 2～5 d，待盐融化后再摊开阴干。

（3）盐水法　将鲜皮浸泡在 25% 的食盐溶液中腌制。在盐水浸泡过程，可每隔 6 h 换 1 次盐水，另外在食盐中加入盐重量 4% 的碳酸钠以防盐斑。要保持盐水温度为 5～15 ℃，在浸渍过程中，应注意上下翻动毛皮数次，使得盐水浸入毛皮比较充分、比较均匀。经一昼夜后取出，沥水 2 h 然后堆放，堆放时再撒皮重 25% 的盐。2 周后，即可按撒盐法的做法将毛皮卷起存放。注意，浸泡过程中，务必要保持盐水温度在 5～15 ℃，温度过低盐渗入毛皮速度慢，温度过高，毛皮容易腐败。

（四）羊皮的保存

保存皮张必须选择在防雨、防潮、防晒和无鼠害的区域，温度最低不得低于 5 ℃，最高不超过 25 ℃，相对湿度为 60%～70%，这样可保持生皮的含水量为 12%～20%，以防止皮张腐烂。皮垛下面要垫上木条，并留有行间通道，便于空气流通。此外，对堆叠的毛皮还应定期上下调整位置，以防止潮湿霉烂。

皮张在运输时也应防潮、防湿，凡潮湿的毛皮要干燥后再行发运，以免发热受损。如发现被传染病污染的皮张，应及时焚烧或消毒处理，以免影响人体健康。

四、肠衣的加工处理

山羊肠衣是指山羊的大肠、小肠经过刮制而成的坚韧半透明的薄膜。肠管壁自内向外分为黏膜、黏膜下层、肌层和浆膜共 4 层。加工羊的盐肠衣时，仅留黏膜下层，剥去其他 3 层；加工羊干肠衣时，除黏膜下层外还保留部分黏膜。

山羊肠衣用途广泛，是食品工业、医药及其他工业的重要原料。主要用作填充香肠和灌肠的外衣，还可制成肠线供制作网球拍线、弓弦、乐器弦线和外科缝合线等。新疆山羊的肠衣非常受欢迎，很多都出口到欧洲等地。

（一）羊肠衣的初加工处理

初加工是指从屠体取下的原肠经过倒粪、洗涤后除去脂肪，刮去外层、中层和内层，只剩下半透明层，以便进行腌制加工成半成品。

（二）半成品的加工处理

1. 浸洗　浸洗前缸内先放入清水（要清洁凉透，不含矾、硝、碱等杂质），将原肠 4～5 根扣成 1 把，理顺浸入缸内。数量应视缸的容量而定，一般不超过缸容量的 1/4。浸洗时间不宜过长，冬季浸泡 4～5 h，夏季只需将原肠冲洗干净即可，不需要发酵，以保证色泽新鲜。

2. 刮肠　刮肠时应使用胶制刮刀刮制，破洞、砂眼少，损耗低，效果好。刮肠时，将原肠理顺，从小头一端灌入清水 30 mL 左右，使肠壁湿润，便于排出黏膜、污物。然后，把肠管摊平，刀背稍向外倾斜，呈弯月形，轻轻向大头刮，以免肠筋粘连而断折。刮肠板要保持清洁平滑，刮下来的黏膜层、油筋要随时清除，以防止扯破肠壁而影响品质。

3. 灌水检查　刮好的半成品要逐根检查，割去破洞、残伤，发现遗留杂质应补刮干净。

4. 量尺码　以接头量尺码的方法，每把 100 m，每节不短于 1 m，最多 13 节，量尺码后扣一结子，并将肠理顺。

5. 腌肠　必须用精制盐腌羊肠，切忌用粗盐或腌过肠衣的回盐。粗盐粒会损伤肠壁，产生破洞、沙眼；而回盐内含有较多蛋白质和微生物，对羊肠半成品易产生盐蚀。

6. 扎把　双手持肠，来回折叠，长度 0.5 m。折叠时随手将窜出的肠头撩起。叠完后，一手抓住肠把中间，另一手用肠把打结一端，横绕 1～2 圈，穿过中孔轻轻收紧成把。

7. 下缸保管　先在缸底撒少许食盐，把肠把一层一层排紧在缸内，中间留一空隙，逐层灌入已冷却的熟盐卤。熟盐卤应超过肠把 2 cm 以上，再加压竹片和石块，以防空气侵入而变质，产生盐蚀。保管时要经常检查，如发现熟盐卤混浊或卤水里飘浮白色花点，应及时翻缸换卤。已使用过的熟盐卤不能再使用。

8. 包装运输　羊肠衣半成品要及时调运，可采用木桶或胶布袋包装。制成的半成品应无腐败气味和其他异味，呈白色、灰白色。

（三）成品的加工处理

1. 洗涤羊肠把　洗净盐粒后，在清水缸里反复洗涤。一手抓住结扣处，一手托在肠把下端，在水里上下洗，防止缠绕、打结。洗净杂质后，再在清水中浸洗。应注意掌握洗涤的时间，做到多洗多漂。

2. 灌水分路和配码　根据羊肠衣容易漏水的特点，灌水时，应以大头套水龙头灌水，分路后应将小头搭在钵子口上。

羊肠衣的口径规格共分为 6 个分路：一路 22 mm 以上，二路 20/22 mm，三路 18/20 mm，四路 16/18 mm，五路 14/16 mm，六路 12/14 mm。

3. 配尺　把同一路分的肠衣按一定的规格要求扎成把，要求每根 31 m，每 3 根合成一把，总长不得短于 92 m。每把接头总数不超过 16 个，每节不得短于 1 m。但近年来随着市场分化，也有采用其他长度的。分路后成品必须及时配量尺码，做到当天产品当天量完，不得积压过夜，严防变质。

羊肠衣成品色泽分为白色、青白色、灰白色、灰褐色、青褐色等 5 种，深于上述色泽的是次色。

4. 腌肠　要求均匀揉腌，一次腌透。腌肠时用盐要适当，腌盐过多，易失油性、走浆；用盐过少，则因缺盐而变质。特别是在炎热的夏季，配制好的成品必须尽快盐腌，以防止腐败。

5. 绕把　梳通节头重新扣节，再将肠把理顺，抖去盐粒，从头至尾绕在工字形木架上，用力不能过猛，防止扯裂、拉断。绕完后脱下木架，用扣结一端在把子上绕 2~3 圈，将头穿过套跟收紧。

6. 下缸保管　不能及时装桶或零星的成品，应下缸保管。灌足冷却熟盐卤，浸没肠把，上盖白布。羊肠衣成品下缸，对保持其品质、气味、色泽以及新鲜度和肠衣的韧性都有好处。但应注意下缸后要经常检查，确保品质安全。

五、羊骨的加工处理

骨的营养价值很高，含有丰富的蛋白质、脂肪及常量元素和微量元素等。我国骨食品的开发研制已进行了 10 多年，由于消费观念、设备水平、加工技术、产品质量等问题，骨食品的生产还没有形成产业化，市场尚未拓开。随着人们生活水平逐渐提高，"以骨补骨""以髓补髓"的意识会逐步增加，骨产品的开发利用观念将会得到逐步完善。

新疆山羊的羊骨营养丰富，蛋白质、脂肪的含量与等量的鲜肉相似，各种元素的含量更是鲜肉的数倍。羊骨蛋白质是全价的可溶性蛋白质，生物学效价很高；骨髓中含有丰富的磷脂质、胆碱、磷蛋白，以及有延缓衰老作用的骨胶原、酸性黏多糖、维生素等，这些营养成分能满足成长中的儿童和中老年人滋补的需要，尤其对高血压、骨质疏松、糖尿病、贫血等患者的治疗和康复有一定的辅助作用。骨食品是以骨为主要原料，经加工、提取所获得的物质，或将其添加到其他食品原料中，再加工而形成食品。目前，酶工程技术、生物发酵技术、高真空技术、高压技术等高新技术应用于骨食品加工领域，提高了骨食品的营养功效、质地、生物学效价、保健功能及口感。在进行羊骨产品加工过程中，对骨汤、骨渣等产物也要采取适当的方法加以利用。骨的利用形式有全骨利用和提取物利用两种。全骨利用就是较为全面的"整骨"利用，能较多地利用骨中的蛋白质、各种元素等营养素。全骨利用的产品形式有骨泥、骨粉，可作为肉类替代品或添加到其他食品中，制成骨泥肉饼干、骨泥面条等系列食品。提取物利用就是对骨中的各种营养素采取分别利用的形式，可生产出骨油、明胶、水解动物蛋白（HAP）及钙磷制剂等产品。

（一）鲜骨泥的加工

根据对原料骨处理过程的不同，可将鲜骨泥的加工方法分为 3 种：低温冷冻磨碎加工、常温磨碎加工和高温高压蒸煮后加工，低温冷冻后较常温易加工。低温冷冻加工是指将鲜骨在 $-25 \sim -15$ ℃下充分冷冻脆化，然后切成碎块、绞碎和多次磨碎制成鲜骨泥。

骨泥冷冻加工工艺：鲜骨→清洗→冷冻→粉碎→粗磨→细磨→成品骨泥。

骨泥热加工工艺：鲜骨→清洗→高压蒸煮→细粉碎→粗磨→细磨→加酶水解→成品。

（二）鲜骨粉的加工

骨泥含水量较高，不利于保证质量。骨粉经过干燥，便于储存保管。鲜骨粉的制备方法大致有蒸煮法、高温高压法和生化法 3 种。

1. 蒸煮法工艺流程　鲜骨→高温蒸煮→去油、肌肉、骨髓，烘干→粉碎细化→成品。

2. 高温高压法工艺流程　鲜骨→烫漂→预煮→高温蒸煮→微细化→干燥→成品。

3. 生化法工艺流程　鲜骨→粗碎→化学水解或酶解→干燥→成品。

鲜骨粉钙含量高，钙磷比例较为合理，还含有蛋白质、铁、锌、脂肪等营养物质。骨粉蛋白质含量高，脂肪含量相对较低，属于一种典型的高营养低热

能食品。骨粉也含有脑组织发育不可缺乏的磷脂质、磷蛋白等以及延缓衰老的骨胶原、软骨素和促进肝功能的蛋氨酸、维生素 A、B 族维生素等。骨粉味道鲜美，可作为钙营养强化剂添加到食品中，提高日常膳食的营养水平。

（三）骨汤的利用

工艺流程：鲜骨→高压蒸煮→骨汤→分离→真空浓缩→干燥→骨素（分离后得到骨油，可用于制备精炼骨）。

骨素是一种天然调味料，具有丰富的鲜味成分和呈香物质，含有多种氨基酸和肽、核酸等风味物质，可作为肉类香精和生产调料的原料或骨味汤料。

（四）骨渣的利用

工艺流程：骨渣→氢氧化钠溶液浸泡→清洗→乙醇浸泡→粉碎→高压蒸煮→沉淀物烘干→钙磷制剂。该法制备出的制剂为性质优良的乳白色活性钙粉末，钙含量大于 25%、磷含量大于 8%，属含钙高、营养丰富的天然活性钙。

（五）水解动物蛋白（HAP）

工艺流程：鲜骨→清洗→破碎→高压蒸煮→脱脂→加酶水解→酶灭活→脱苦→过滤→清液浓缩→喷雾干燥或真空冷冻干燥→杀菌→成品。

酶解条件的控制是关键，应选择适合的酶，酶解反应的温度、pH、时间等需要严格控制。酶法回收骨蛋白的特点是蛋白的提取率高，酶解反应温度低，有利于营养成分保存，不污染环境。酶解产生大量肽类物质，风味更加丰富，产品速溶性好，易于人体消化吸收。产品热稳定性、溶解性高，并且具有低黏度的优点，有利于加工工艺的实施。HAP 是高蛋白、低脂肪产品，其氨基种类和比例更接近人体需要，还含有丰富的多肽物质。骨中富含胶原蛋白，胶原水解成多肽后，可最大限度地发挥出胶原的功能，具有保护黏膜及抗溃疡作用，可抑制血压上升，促进骨形成，预防骨质疏松，促进皮肤胶原代谢（美容功效）。因而其用途很广，可作为天然调味料，也可作为具有美容、保健功能的食品或运动型饮料的原料。

（六）明胶的制备

明胶是食品生产的重要添加剂，可作为胶凝剂、增稠剂、发泡剂等。在医疗上明胶可作为止血剂和制作胶囊的材料。高级明胶是 E 光片等的感光层中银盐乳剂的主要成分。酶法生产明胶工艺流程：原料切碎→脱脂后洗净→蛋白酶水解→稀酸溶解→加入丙酮、硫酸钠沉淀→明胶。

六、羊血的加工处理

羊屠宰后可获得活体重 3%～6% 的血液。血液是一种营养价值很高的食品，血液中含有丰富的蛋白质及 8 种必需氨基酸。血液中所含的脂肪以磷脂居多，可抑制血液中高胆固醇的有害作用，有助于避免发生动脉粥样硬化。血液中含有丰富的矿物质，尤其是铁元素含量很高，血色素铁易被人体吸收。此外，羊血是饲料工业的重要原料，随着脱色新技术和血蛋白分解方法的进步，羊血可用来加工血粉、食品添加剂、黏合剂、复合杀虫剂等产品。

但是由于屠宰过程中，血液不宜保存，有的人不食用羊血。这些都在一定程度上限制了羊血产品的开发。

血粉是生产多种氨基酸、水解蛋白注射液和高蛋白质饲料的原料。血粉可用全血生产，也可用分离后的血细胞生产。血浆可代替蛋清，加工成各种营养食品。由于血浆具有高效乳化剂的作用，加热后能形成凝胶体，具有保持脂肪和水分的功能。因此，添加血浆制成的各种食品营养价值高，保水性能好，更富有弹性。血浆目前的成本仅为鸡蛋的 1/4～1/3，用血浆代替蛋清能降低功能性食品的生产成本。

（一）血粉的简单制作

对于普通农户来说，加工少量羊血可采用自然干燥法。选择干燥向阳的地方修建一个浅水泥池（注意设计排水道），将羊血倒入水泥池内，其厚度约为 5 cm，然后盖上芦席或竹席，将血凝块踩碎，排出水分，揭去芦席，在日光下连续晒 3～5 d，每天翻晒 5～8 次，将晒干的血粉粉碎后过筛即为成品。

（二）工业用血粉的生产

工业用血粉呈棕红色，含蛋白质 90% 左右，含水量 10% 左右，是制造三合板等的胶合剂，还可以生产血渔网。制造血粉的关键是将羊血在 50 ℃ 左右条件下迅速干燥，以保证蛋白质不变性，有以下 3 种方法。

1. 喷雾干燥法　血液搅拌，过目铜筛，除去血纤维，用活塞式高压泵使血浆通过喷枪喷成血雾，凭借热力和风力，使血雾立即干成血粉。

2. 蒸发干燥法　血液搅拌，除去血纤维后放在 50 ℃条件下干燥，然后磨碎，过筛即成血粉。

3. 离心脱水法　血液过滤后，泵入配有慢速搅拌器的接收器中，通入蒸汽，开始搅拌。血液预热到 55 ℃左右时，泵入凝结器中，待血液中蛋白质完全凝结后，送入螺旋离心机中除去约 75％的水分，剩下的干物质即为成品。

（三）饲用血粉的生产

饲用血粉的加工可用隧道式干燥器、喷雾式干燥器、平面干燥等设备除去血液中的水分，然后粉碎过筛即可成为饲用血粉。

（四）利用羊血制备食用蛋白

将新鲜羊血放入锅中煮沸 30 min 左右加工成血块，再用绞肉机绞成血泥。称量后按血泥量加入 1.6 倍的氢氧化钙溶液，搅拌均匀，再加入血泥量 0.5～0.6 倍的清水，此时 pH 约为 7.5。按照每 100 kg 血泥加 250～300 mL 的量准备氯仿，在氯仿中加入 3 倍量的水搅拌成乳浊状后倒入血泥的混合物中。在投料前 2 h，将新鲜羊胰绞成胰糜，加石灰粉，调整 pH 至 8，活化 2 h 后加入水解锅中，用饱和氢氧化钙调整 pH 至 7～7.5（100 kg 血泥加 10 kg）。然后改用氢氧化钠（30％）调节 pH。此时温度应保持在 40 ℃，反应 18 h。pH 一般在反应前 3～4 h 很容易下降，到 pH 7.8～8 以后较稳定，最终稳定在 8 左右，直至水解完毕。然后用 30％的磷酸调 pH 为 6～7，终止酶促反应。将水解液移入搪瓷桶中，加热水煮 20 min 左右。在煮沸后的中和液中，加入活性炭，再用稀磷酸调节滤液 pH 至 6.5 左右，用离心机分出清液，移入锅中，用小火加热浓缩至黏稠状。最后在低温下真空干燥，或在石灰缸中干燥，即获得产品。

（五）羊血制品在食品中的应用

1. 肉制品　在肠制品中添加血浆，其产品蛋白质含量可提高 7％，成本降低 5％～8％。

2. 糖果、糕点　血浆或全血水解后，其蛋白质含量比奶粉含量高，因此将用羊血制成的可食用血蛋白粉加入糕点、面包中效果非常好。不仅可以提高食品的营养价值，而且血蛋白粉用作发泡剂，比鸡蛋发泡快，而且口味好。另外，血蛋白粉是很好的乳化剂，可代替牛奶加入面包中，使面包外观好，保形好，且不易老化。

3. 营养补剂　羊血制品可补充儿童发育所需的必需氨基酸，如组氨酸、色氨酸、赖氨酸，治疗和预防缺铁性贫血。

第三节　新疆山羊品种资源开发利用前景与市场开发

一、新疆山羊品种资源开发利用

新疆山羊是传统地方品种，属于兼用类型。肉、奶、绒、皮、肠衣等质量都不错，但是每种生产性能都不突出。

1. 绒用性能

（1）细度资源　农业农村部种羊及羊毛羊绒质量监督检验测试中心（乌鲁木齐）、新疆维吾尔自治区畜牧科学院畜牧业质量标准研究所进行了多年资源调查，先后找到细度为 $9\sim11\ \mu m$ 的新疆山羊资源。目前，中国山羊绒变粗的趋势明显。据报道，内蒙古自治区纤维检验局对 2004—2010 年的山羊绒质量检测结果，内蒙古山羊绒平均直径由 2004 年的 $15.25\ \mu m$ 增加到 2010 年的 $15.85\ \mu m$。而20 世纪90 年代中期之前，阿尔巴斯、阿拉善、二郎山白绒山羊所产平均直径在 $14.5\ \mu m$ 以下的特细型山羊绒占多数，而现在细度在 $14\ \mu m$ 左右的羊绒很少，占总产量不到 3%，优质山羊绒成了稀缺产品，国际国内都在呼吁重视山羊绒变粗的问题。而鄂尔多斯集团开发的 1436 等用 $14\ \mu m$ 的山羊绒生产的高端产品，已经受到市场的热捧。因此，可以充分利用这一科研成果，发展细绒、超细绒、特细绒、极细绒的品系，提高绒用性能的价值。

（2）颜色资源　多年来，白化是中国各省份绒山羊育种的主要方向之一。再加上市场的导向，使白绒价格更高，因此青绒和紫绒的个体不断减少。新疆山羊绒有白绒、青绒、紫绒 3 种。农业农村部种羊及羊毛羊绒质量监督检验测试中心（乌鲁木齐）、新疆维吾尔自治区畜牧科学院畜牧业质量标准研究所进行了多年资源调查，其白度范围从 20 多到 76 的个体都有。可以按照天然彩色来选种育种，满足市场多元化需求。但是在山羊绒生产过程中，要注意不同颜色不同品质分级整理的问题。

（3）不同产地的山羊绒分梳效率的问题　农业农村部种羊及羊毛羊绒质量监督检验测试中心（乌鲁木齐）、新疆维吾尔自治区畜牧科学院畜牧业质量标准研究所对绒纺企业进行了调查，国内不少企业反映，即便是一样细度的山羊绒，全国各地的山羊绒分梳效率并不相同，内蒙古阿拉善等地的山羊绒分梳效率更高。经研究，第一，各地区山羊绒与山羊毛的细度比有一定差异，但是不是不同的山羊毛与山羊绒细度比对分梳效率造成的影响尚待研究。第二，各地山羊绒中皮屑的数量、结构有差异，目前育种中对皮屑含量重视程度还不够。需要进一步研究其遗传规律。第三，各地的草刺类型不完全一样。有的地区硬草刺偏多，会对山羊绒分梳产生影响。第四，沙土类型不同。调研时据一些纺织企业介绍，有的产区原绒中的杂质中主要是沙子，有的产区则有黏土，土黏性高，会对分梳效率产生影响，但影响程度有待进一步研究。

2. 肉用性能　新疆山羊的产肉率不高，繁殖率不高，但是有一些个体的双羔率较好。在目前新疆羊肉需求缺口大，且在小山羊羊肉受到热捧的市场机遇面前，应该针对肉品质、肉产量、繁殖率等加强选育，提高其肉用性能。

3. 奶用性能　新疆维吾尔自治区畜牧科学院畜牧业质量标准研究所利用山羊奶制订配方，救活了几只老虎仔，这也意外带来了当地部分群众对山羊奶消费的热情。新疆山羊奶的味道醇厚，膻味不明显，一些对牛奶有腹泻反应的人群，饮用山羊奶很少出现类似情况。今后其奶用性能的开发也是较有前景的。

4. 皮用性能　新疆山羊皮过去一直受到市场欢迎。2000 年左右，一张优质羊皮最高可以卖到 130 元左右，当时新疆一个大学刚毕业就业的学生的收入也才 300 元左右。但 2015 年以来，一张大张、无草刺、完整优等羊皮售价最多 10～20 元，低等羊皮（草刺皮）只能买 0.5～1 元/张，羊皮价格下跌非常明显。从市场来看，近年来，一是我国加强了对环境保护的要求，羊皮加工成本增长了数倍，从而影响到羊皮市场；二是全球经济下滑，需求减少；三是其他替代皮革的产品技术进步迅速。而从羊皮质量来看，受到硬草刺的影响增加也是一个重要原因。由于狼针茅的颖果成熟时具有硬尖和长芒，常常刺伤羊的口腔和皮肤，进而影响皮毛质量和价格。能否对草场进行良好管理，降低有害草的数量，也是需要进一步研究的事情。

5. 肠衣　新疆山羊肠道的长度、肠衣的韧性都有一定优势。这可能与新疆山羊长期耐跋涉放牧，食性广形成的品种特性有关系。

二、新疆山羊绒用性能存在问题与产业发展建议

1. 存在问题

（1）绒用生产性能差异较大　一是同一只新疆山羊的不同部位，山羊绒的细度差异大都在 $2\sim3\ \mu m$，因此需要进一步加强育种，缩小同一只山羊不同部位的绒的细度离散。二是新疆山羊绒的整体细度，从 $9\sim19\ \mu m$ 都有。其中最细的堪比藏羚羊绒。但是由于分级整理不到位，这些超细绒、极细绒都混在普通山羊绒中销售了，应有的价值没有开发出来。

（2）分级整理不够　加工企业反映新疆山羊绒的质量问题，主要是有异色纤维的问题，需要加强分级整理。

（3）产品开发还存在短板　新疆山羊绒加工企业在技术改造方面滞后于江浙一带的企业。新疆近年来将承接纺织业转移作为重要机遇，积极推动纺织业在新疆的发展。但是山羊绒企业还需要进一步增加技术投入，提高原料分梳、纺纱织造、染色整理等技术方面的技术水平，实现制造技术的高端化和智能化，以及现场管理的精细化。

新疆维吾尔自治区科技厅已经推动建立了毛绒产业联盟，逐步推动产业链前中后建立更紧密的机制，希望能充分利用新疆山羊绒的品质优势，开发出更具特色的产品，也可以考虑多成分混纺产品的开发，结合其他天然纤维或者化学纤维优势。同时，在产品设计方面，也要加入更多的设计元素，注重设计师的培养和引进，形成具有较高识别度的设计理念和元素。

2. 发展建议

（1）加强品牌建设，拓展更大的市场空间　品牌建设就是山羊绒产业做大做强的方向。新疆近年来有多家其他省份纺织企业进驻投资。应该积极通过原产地的资源优势，充分发挥在国际市场的影响力，创建羊绒知名品牌，讲好品牌故事，积淀品牌文化，注入品牌灵魂，扩大品牌影响力，发挥品牌引领作用，将区域品牌和企业品牌建设同步推进，着力培养一批拥有自主知识产权、核心技术和市场竞争力强的知名品牌，建设领先国内影响国际的羊绒纺织产业基地。

（2）推行质量控制技术，提升产业竞争力　过去很多人把检验作为可有可无的手段。检验领域自身也受到技术限制，因为原有的技术都高度依赖实验室环境，缺少能到田间地头去服务的设备。提升质量不能靠喊口号，因此新疆维吾尔自治区畜牧科学院畜牧业质量标准研究所、农业农村部种羊及羊毛羊绒质

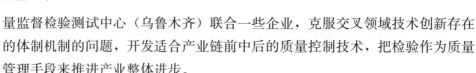
量监督检验测试中心（乌鲁木齐）联合一些企业，克服交叉领域技术创新存在的体制机制的问题，开发适合产业链前中后的质量控制技术，把检验作为质量管理手段来推进产业整体进步。

（3）创新产业链合作模式，促进新疆山羊产业更好地发展。

三、新疆山羊肉用及其他产业发展建议

1. 新疆山羊的羊肉产业等有良好的市场前景　目前，全疆的小山羊肉一直处于市场优势地位，价格甚至比当地的多浪羊等羊肉的价格都要高 10 元/kg 左右。但是市场开发度不够，小山羊到底是一个年龄的概念还是一个体重的概念，很多人不清楚，且目前缺少生产模式的研究开发，养殖均为分散养殖，如何能实现目前大热的小山羊批量稳定生产还需要进一步研究。

2. 消除社会误解，科学发展山羊　社会上存在山羊破坏环境的误解，不少地方都在限制山羊的发展。山羊的嘴唇比较薄，牙齿较为尖利，攀爬能力很强，食性非常广，而且生命力非常强，在缺少其他食物的时候，会啃食树皮，刨食草根。但是从笔者对山羊食性的研究来看，山羊喜食草尖、嫩叶、花朵等鲜嫩多汁的食材，并不偏好采食树皮和草根。任何一种动物过量养殖，都会对环境造成影响。也就是说，应该治理的是过度放牧，而不是片面限制山羊发展。在调研中新疆各地牧民都反映，与绵羊相比，山羊病少更容易养殖。

参 考 文 献

丁元增，2017. 养羊防疫消毒技术指南 ［M］. 北京：中国农业科学技术出版社．

冯建忠，2004. 羊繁殖实用技术 ［M］. 北京：中国农业出版社．

高雪峰，邢玉梅，2011. 我国绒山羊资源现状及发展对策 ［J］. 中国纤检（15）：29－31.

国家畜禽遗传资源委员会组，2011. 中国畜禽遗传资源志　羊志 ［M］. 北京：中国农业出
　　版社．

李金泉，2013. 绒山羊安全生产技术指南 ［M］. 北京：中国农业出版社．

李明，晃先平，2006. 羊饲养管理技术 ［M］. 郑州：中原农民出版社．

刘斌，何云梅，高凤芹，2017. 绒山羊繁育生产技术研究与应用 ［M］. 北京：中国农业科
　　学技术出版社．

马宁，2011. 中国绒山羊研究 ［M］. 北京：中国农业出版社．

彭健，陈喜斌，2019. 饲料学 ［M］.2 版．北京：科学出版社．

全国畜牧总站，2012. 绒山羊养殖技术百问百答 ［M］. 北京：中国农业大学出版社．

田梅，夏风竹，2014. 高效养羊技术 ［M］. 石家庄：河北科学技术出版社．

王自力，赵永聚，2015. 山羊高效养殖与疾病防治 ［M］. 北京：机械工业出版社．

杨在宾，2019. 山羊标准化规模养殖图册 ［M］. 北京：中国农业出版社．

张国华，卢建雄，2019. 饲料质量检测与营养价值评定技术 ［M］. 北京：中国农业出版社．

章伟建，刘炜，2018. 山羊养殖与经营管理 ［M］. 北京：中国农业科学技术出版社．

赵存发，殷国梅，2018. 西北地区荒漠草原绒山羊高效生态养殖模式 ［M］. 北京：中国农
　　业科学技术出版社．

中国畜牧业年鉴编辑委员会，2013.2013 年中国畜牧业年鉴 ［M］. 北京：中国农业出版社．

朱德建，汪萍，2016. 山羊养殖实用技术 ［M］. 北京：中国农业大学出版社．

附　　录

《新疆山羊》
(GB/T 36185—2018)

1　范围

本标准规定了新疆山羊的品种来源、品种特征、生产性能、等级评定及鉴定方法等。

本标准适用于新疆山羊品种的鉴定和等级评定。

2　规范性引用文件

下列文件对于本文件的应用是必不可少的。凡是注日期的引用文件，仅所注日期的版本适用于本文件。凡是不注日期的引用文件，其最新版本（包括所有的修改单）适用于本文件。

GB 18267　山羊绒

NY/T 1236　绵、山羊生产性能测定技术规范

3　品种来源

新疆山羊是新疆及周边区域的古老的地方品种，具有良好的产肉、产绒、产奶性能，属于兼用型羊。近年来针对绒用性能等进行了选育。新疆山羊适应性强，耐粗饲，适应干旱、半干旱荒漠草原和山区草场，全年放牧饲养。新疆山羊在新疆各地均有分布，目前主要分布在南疆的喀什、和田及塔里木河流域、巴音郭楞蒙古自治州，以及北疆的阿勒泰、塔城、博尔塔拉蒙古自治州、昌吉回族自治州和哈密地区。

4　品种特征

4.1　外貌特征

新疆山羊的体格中等，体质结实，全身各部位结构匀称。鼻梁平直，耳中

等长，颌下有胡须，公母羊多数有角，角形半圆形弯曲或向上伸展交叉，腰背平直，体躯长深，胸宽，后躯丰满，四肢端正，蹄质结实。

4.2　绒毛品质

被毛以白色为主，其次为黑、棕黄色、青色，毛长而粗，有光泽；绒长而细、绒密、油汗适中，无干燥感。绒以白色为主，青绒和紫绒也有一定数量。

5　生产性能

5.1　产绒性能

在四季放牧条件下，北疆地区新疆山羊成年羊年平均抓绒量 200～400 g，南疆地区新疆山羊年平均抓绒量 150～400 g。细度范围在 10～19 μm。

5.2　产肉性能

平均屠宰率 40％～45％。

5.3　繁殖性能

性成熟 4～6 月龄。初配年龄为一岁半，也有当年配种的。放牧山羊的繁殖配种季节性强，农区山羊在 9—10 月配种，山区山羊在 10—11 月配种，发情持续期 20～48 h，妊娠期 150 d 左右。新疆山羊平均产羔率 110％左右。

6　等级评定

6.1　特级、一级

符合新疆山羊品种特征，且抓绒后体重、抓绒量、绒细度、绒长度 4 项指标均达到表 1 规定的羊评为一级羊。其中抓绒量、绒细度、绒长度 3 项指标中有 2 项超过一级羊最低指标 20％，且全身为纯色的羊评为特级羊。

表 1　一级羊评定指标

羊别	抓绒后体重（kg）		抓绒量（g）		羊绒品质	
	北疆型	南疆型	北疆型	南疆型	长度（mm）	细度（μm）
成年公羊	≥50	≥35	≥500	≥400	≥40	≤14
成年母羊	≥35	≥27	≥350	≥300	≥40	≤14
周岁公羊	≥28	≥25	≥400	≥300	≥40	≤14
周岁母羊	≥22	≥20	≥250	≥200	≥40	≤14

6.2 二级

符合新疆山羊品种特征，且抓绒后体重、抓绒量、绒细度、绒长度 4 项指标均达到表 2 规定的羊评为二级羊。

表 2　二级羊评定指标

羊别	抓绒后体重（kg）		抓绒量（g）		羊绒品质	
	北疆型	南疆型	北疆型	南疆型	长度（mm）	细度（µm）
成年公羊	≥40	≥32	≥500	≥400	≥40	≤16
成年母羊	≥30	≥27	≥350	≥300	≥40	≤16
周岁公羊	≥30	≥20	≥400	≥300	≥40	≤16
周岁母羊	≥25	≥18	≥250	≥200	≥40	≤16

6.3 等外

不符合以上等级要求的均为等外羊。

7　生产性能测定方法

7.1 鉴定时间

每年抓绒前（4—5 月）进行等级鉴定。

7.2 体重、抓绒量

按照 NY/T 1236 的规定执行。

7.3 绒细度、长度

按照 GB 18267 的规定执行。

7.4 毛绒颜色

被毛颜色作为新疆山羊分级参考项目，应在新疆山羊鉴定记录表（见附录 B）中进行记录。根据毛色分为四类：一类全身为白色；二类头颈和四肢为有色，体躯为白色；三类全身为黑色、棕黄色（杏色）、青色；四类为花色。

图书在版编目（CIP）数据

新疆山羊 / 郑文新主编 . —北京：中国农业出版
社，2020.1
（中国特色畜禽遗传资源保护与利用丛书）
国家出版基金项目
ISBN 978 - 7 - 109 - 26741 - 1

Ⅰ.①新…　Ⅱ.①郑…　Ⅲ.①山羊－饲养管理
Ⅳ.①S827

中国版本图书馆 CIP 数据核字（2020）第 054547 号

内容提要：本书主要介绍了新疆山羊品种起源、数量、分布范围，生产特点，品种现状，品种资源保护方式，品种选育技术方案，品种繁育及接羔育幼，饲养管理技术，卫生保健、免疫、疫病防控等措施，羊场建设与环境控制，产品开发利用途径主要发展方向等，可为广大新疆山羊生产从业者提供技术帮助。

中国农业出版社出版
地址：北京市朝阳区麦子店街 18 号楼
邮编：100125
责任编辑：周晓艳
版式设计：杨　婧　责任校对：赵　硕
印刷：北京通州皇家印刷厂
版次：2020 年 1 月第 1 版
印次：2020 年 1 月北京第 1 次印刷
发行：新华书店北京发行所
开本：720mm×960mm　1/16
印张：11
字数：184 千字
定价：75.00 元